実際の設計選書

設計者に必要なメカトロニクスの基礎知識

これだけは知っておきたい
メカトロの理論と実際

実際の設計研究会―監修
松本 潔―著

日刊工業新聞社

監修者のことば

「設計者に必要なメカトロニクスの基礎知識」の本がようやくできあがった．長く期待していた本がようやく実現した．この本はお手本に倣って何かを作るのではなく，お手本がない状態で全く新しいものを作るとき，何をどう考え，どう決めていくのかをメカトロニクスの立場で考えていくものである．

古い機械設計のやり方ではまず全体の構造を決め，形や大きさを決めながら機械を設計していく．しかし，メカニクスとエレクトロニクスが融合であるメカトロニクスの立場では違った考え方をする．何か形が決まったものをその通り大きくしたり，小さくしたり，形を変えたりするのではなく，どのような動きや働きを実現するのかを考え，それを実現する動きを分析・分解と総合・統合の考えを使いながら，形を決めるのと同時にその動きを実現する方法を考えるものである．筆者たちは"実際の設計研究会"を作り，このやり方を設計の基本的な工程だと考え，"思考展開法"という名称を付けて，そのやり方を実現する方法を探求してきた．その考え方ややり方をメカトロニクスに適用するとき，何をどう考え，どう決めていくか，それをやるにはどのような働きの組み合わせで実現していくのか，メカニクスと共にエレクトロニクスを自由に使いこなし，働きや動きを実現するのが本書の目的である．

本書で言うメカトロニクスとはメカニクスとエレクトロニクスとが融合したもので，メカニクスを決めた後で，後からエレクトロニクスを付け加え，さらにその中にソフトウェアを入れて動きを実現するという考えはしない．全体のシステムを考え，メカニクスとエレクトロニクスを融合させたものとしての全体の動きや働きを実現する手段を考え，一体のものとして決めていくという考え方をする．そこでは何を考え，どう決めていくかということの基本形を捉えなければならない．

そのため，本書の構成は次のようになっている．

監修者のことば

　初めに制御信号をアナログ量として取り扱い，そのときの考え方としてラプラス変換や周波数応答などの基本的な考え方を解説する．次に同じくアナログ量として測るとはどういうことか，また着目している帯域の信号を取り出すにはどう考えるかを解説し，次いでどのような信号の加工を行うかを解説する．ここまでで制御やシステム構築の基本となるアナログ信号の取り扱いの解説ができあがったので，次いでデジタル化された信号の場合について解説する．
　以上で制御信号の理論的な取扱いの準備ができるので，次に実例としてセンサやアクチュエータの実物の解説を行う．その後，制御システムを構築するのに何をどう考えればよいかを考え，最後に実際のフィードバック系を構築した例を示す．これらの実例はすべて筆者自身が実際の開発に携わったものである．

　本書の出版までの経緯を示そう．"実際の設計のシリーズ"は30年近く前に動き始めたプロジェクトであるが，動き始めてすぐに"設計者に必要なエレクトロニクスの基礎知識"と"制御の基礎知識"の2つが必要だと実際の設計研究会全員が痛感するようになり，本著者にその実現を託した．実際に企業で開発に従事していた本著者が東京大学に移籍し，これらの内容を東京大学工学部に進学する2年生の基礎知識として教育に従事するようになった．そしてその実績を20年に亘って積み上げ，できあがったのが本書である．初めは"エレクトロニクスの基礎知識"と"制御の基礎知識"の2冊を作る予定であったが，それらを別々の本とするよりも，一体として融合したメカトロニクスの基礎知識とする方が適切であると考えるようになり，2つのものを融合して，今回のような"設計者に必要なメカトロニクスの基礎知識"という本ができあがった．その経緯が物語るように，本書は実際の学生の教育に長いこと携わってきた本著者が，そのエッセンスをまとめたものになっている．従って制御だけを解説したり，機器の構造を解説したり，またはメカトロの概略を説明したような部分部分を取り上げたものではなく，全体を取り上げたものになっている．
　そして本書の特徴は，理論と実際がきちんと融合し対応していること，一つの式が表現されたときに機械的な系として考えればどんなものになるか，電気

的なものでやればどんなものになるかが，常に両者の対応として表現されていること，また理屈だけを言っているのではなく，必ず実物がどんなふうになっているのかがきちんと記述してあることである．さらに，どのような周波数なりどのような状況でそれが使われると何がどんなふうになるかが，実際にこの系を構築するときに遭遇する事柄としてきちんと記述してある．そして，それらの背後にある理論的な考えがどのようなものになっているかが，きちんと考えられている．

このような本はその出現が長く求められていたが，なかなかこれを実現するのが大変で20年余の時間が過ぎてしまった．大学や高専で工学を学び，自分で新しいシステムを構築しようとしている人，また産業界でシステム構成の仕事に従事している人，もっと広く考えて，どのような考えでシステムを構築するのか，実際に利用できるものにはどんなものがありその特性がどうなのか，理論的にはどのように考えるのかを知りたいと思っている人たち，また将来の産業の方向を考えて，このメカトロニクスの考えが最も基本的な考えになるのでそれを勉強したいと思っている人たちに，是非この本を手に取って勉強して欲しいと思っている．

筆者たちのグループはかれこれ30年近く，機械設計の周辺で設計をどう考えるかを研究し続けてきた．その結論はお手本に倣うのではなく，社会が求めているものをお手本なしに実現していくのにどうするかを考えようとし，その指針を皆で作ろうとしている．本書がその一助になればと願っている．

2015年2月

実際の設計研究会を代表して

畑村洋太郎

はじめに

　この本は，設計者に必要なメカトロニクスの基礎知識について述べている．
　筆者は，東京大学工学部の機械工学科・機械情報工学科に進学した2年生向けに「計測の原理と応用」「メカトロニクス第一」という講義を行っているが，本書はそこで教えている内容が母体となって構成されている．対象とする読者は，機械系の課程に進学された学生の皆さんから，会社でメカトロ機器の開発に携わるようになった初級設計者の皆さんであり，機械系技術に加えて知っておいて欲しい計測・制御の技術やそこで必要となるエレクトロニクス，という観点でまとめてある．
　筆者は小さい頃から電子工作が大好きであった．幼稚園の誕生日にはハンダごてを買ってもらった記憶があるし，小学校の高学年では秋葉原をうろうろするようになり，危うく補導されそうになったこともある．ただこの頃は，回路図から見様見真似で部品を並べてつなげただけで，工作の成功率は低かった．回路の背景にある理論，仕組みを理解していなかったので，動かなくてもどうしてよいかわからなかったのである．
　会社に入って電子回路を扱うようになり感じたことは，電子回路は理論的であるということである．ちゃんと作ればちゃんと理論通り動くし，動かなければ必ずおかしなところがある．メカ設計では，例えば剛性がちょっと不足しているね，共振点はもう少し上の方がよいね，もう少しパワーが欲しいね，など，良いとも悪いとも言い切れない，中途半端な性能になることが多い．それに対してエレクトロニクスは，動けば正確に動くし，動かなければどこかおかしい．白黒がはっきりしているのである．少なくとも通常のメカトロ技術者が扱う数百MHz以下の信号では，訳のわからない動作をすることはない．
　従って，電子回路が動かないときは，回路を追いかけていけば必ずおかしな部分を発見できる．ただし，その電子回路がどういう動作をするはずだ，とい

はじめに

う正しい知識を持っていることが前提である.

　正しい知識，理論は専門書を読むのが一番である．専門書は，わかってから読み返してみると，大変よく，正確に書かれている．しかしながら初学者のうちは，読んでも何を言っているのかわからない．またエレクトロニクス関係の雑誌は，最新の実践的な技術が書かれていて，実務的には大変参考になる．しかしながら回路の背景にある理論については，深く知ることが難しい．本書は，専門書と雑誌のちょうど中間で，橋渡しができるあたりを狙って書いている．理論についても，正確に書くというよりは，理解のポイントをつかむことができるようにしたいと考え，記述している．

　本書は，メカトロの中心となる信号計測とフィードバック制御の2つを中心に構成している．メカトロ機器には，スイッチやセンサの信号を受け，CPUで処理した後，一方的にアクチュエータに指令を出す，シーケンス制御あるいはオープンループ的な制御の機器も多い．誤解を恐れずに言うなら，こういう制御は誰がやってもできる．実際，機械系に進学してきた学生が初めにやる演習は，まさにこれである．本書の制御の部分では，シーケンス制御やオープンループ制御ではなく，アクチュエータを動かした結果が入力に戻ってくるフィードバック制御を中心に扱う．

　またソフトウェアについても，やはり誤解を恐れずに言うなら，上位のソフトウェアはメカもエレキも知らなくても書けてしまう．本書では，メカやエレキの特性に依存する，制御に関わる下位の部分のみ扱う．もちろんこの上位，下位は，ユーザへのインタフェースに近い方とハードに近い方，という意味である．

　本書は，初めは「機械技術者に必要な…」というタイトルにするつもりであった．しかし執筆を進めていくうちに，メカ屋さんに知っておいて欲しいエレクトロニクスの知識，というよりも，もう少し踏み込んで，メカもエレキも知っていて深く製品設計に関われるような技術者を対象とした本である気がしてきた．そのためタイトルを「設計者に必要な…」と変更した．また本書は，前提としている専門知識は特に必要ないように書いたつもりである．ただし，古

はじめに

典制御をひととおり学んだ後に本書を読むと，より理解が早いと思われる．

筆者自身，大学で計測や自動制御の講義はあったし，ちゃんと単位も取ったが，本当に理解した気になったのは会社に入った後である．実際にセンサやアクチュエータを持ってきて，制御系を設計して，回路を組んで動かしてみて，初めて実感として理解できた気がした．知識は，自分からむしり取りに行くような状況でないと，本当には身に付かないものなのであろう．しかしそうばかりも言っていられない．本書が読者の技術習得の手助けになることを望んでいる．

本書の執筆の話が出たのは，90年代の終わりに，当時私の上長であった畑村洋太郎先生と某社の見学に行った帰りの山形新幹線の中だと記憶している．畑村先生は，「いや話が出たのはもっと昔だ」とおっしゃるかもしれない．ともかく，本の完成までに15年以上の年月がかかってしまったことになる．ひとえに私の怠慢のためであり，お詫びを申しあげたい．

本書の完成にあたり，金沢大学工学部・米山猛先生，東京大学先端科学技術研究センター・高橋宏知先生，中央大学理工学部・土肥徹次先生，早稲田大学基幹理工学部・岩瀬英治先生，に査読していただいた．さらに実際の設計研究会会長の畑村洋太郎先生，実際の設計研究会のメンバーの皆様にも，さまざまなコメントをいただいた．改めてお礼を申しあげたい．

2015年2月

松本　潔

目　次

監修者のことば……………………………………………………………… i
はじめに …………………………………………………………………… iv

第1章　メカトロニクス〜メカトロニクスとは〜 …………………… 1

1.1　メカトロニクスの分野 ………………………………………… 1
1.2　メカトロニクスの効果 ………………………………………… 2
1.3　メカトロニクス機器の開発 …………………………………… 3
1.4　本書の内容 ……………………………………………………… 3
1.5　本書の構成 ……………………………………………………… 4

第2章　連続時間システム〜アナログ系で考える〜 ………………… 7

2.1　信号波形とスペクトル ………………………………………… 7
2.2　たたみ込み積分 ………………………………………………… 9
2.3　フーリエ変換 …………………………………………………… 17
　　2.3.1　フーリエ級数 …………………………………………… 17
　　2.3.2　フーリエ変換 …………………………………………… 20
2.4　ラプラス変換 …………………………………………………… 22
　　2.4.1　ラプラス変換 …………………………………………… 22
　　2.4.2　ラプラス変換の使い方 ………………………………… 23
2.5　周波数応答 ……………………………………………………… 24
　　2.5.1　正弦波の表記 …………………………………………… 24
　　2.5.2　周波数応答 ……………………………………………… 26
　　2.5.3　周波数応答の求め方 …………………………………… 27
2.6　線形システムのモデル化 ……………………………………… 30
　　2.6.1　一次遅れ系 ……………………………………………… 30
　　2.6.2　二次遅れ系 ……………………………………………… 36
　　2.6.3　慣性系からバネマス系へ ……………………………… 42

目　次

第3章　計測と信号〜測るということ〜 47

- 3.1　計測の流れ 47
  - 3.1.1　直接測定と間接測定 47
  - 3.1.2　各種測定方式 48
  - 3.1.3　計測系と制御系 49
- 3.2　センサの特性 51
  - 3.2.1　センサの静特性 51
  - 3.2.2　測定の誤差の扱い 54
  - 3.2.3　最小二乗法 57
  - 3.2.4　計測の流れ 59
  - 3.2.5　センサの動特性 60
- 3.3　信号と雑音 62
  - 3.3.1　雑　音 62
  - 3.3.2　信号対雑音比（S/N） 67
  - 3.3.3　雑音指数 69
  - 3.3.4　信号対雑音比（S/N）の計測と評価 72
- 3.4　フィルタリング 74
  - 3.4.1　フィルタ 74
  - 3.4.2　バンドパスフィルタとQ 79

第4章　信号の処理〜アナログ信号の加工〜 81

- 4.1　アナログ信号の増幅 81
  - 4.1.1　オペアンプ 81
  - 4.1.2　基本回路 86
  - 4.1.3　周波数特性を持つ回路 91
  - 4.1.4　回路とボード線図の見方 108
  - 4.1.5　応用回路 111
- 4.2　周波数変換とロックインアンプ 115
  - 4.2.1　ヘテロダイン 115
  - 4.2.2　周波数変換の回路 117
  - 4.2.3　ロックインアンプ 119
- 4.3　変　調 123
  - 4.3.1　変調と復調 123

  4.3.2　振幅変調　125
  4.3.3　周波数変調と位相変調　127
  4.3.4　デジタル変調　129
 4.4　インピーダンス　132
  4.4.1　入出力インピーダンス　132
  4.4.2　インピーダンス整合　134
  4.4.3　さまざまなインピーダンス　137
 4.5　アナログ信号のデジタル化　138
  4.5.1　信号のデジタル化　138
  4.5.2　エイリアシング　139
  4.5.3　A/D・D/A 変換器　141

第5章　離散時間システム〜デジタル系で考える〜　145

 5.1　z 変換　145
 5.2　たたみ込み積分　147
 5.3　離散時間システムの実現　149
  5.3.1　FIR システム　149
  5.3.2　IIR システム　150
 5.4　周波数応答　154
 5.5　デジタルフィルタ　154
  5.5.1　FIR フィルタ　155
  5.5.2　IIR フィルタ　160

第6章　センサとアクチュエータ〜デバイスとその動作原理〜　163

 6.1　センサとは　163
  6.1.1　メカトロニクスとセンサ　163
  6.1.2　センサの交換原理　164
 6.2　光, および位置, 速度, 加速度のセンサ　165
  6.2.1　光センサ　165
  6.2.2　音響センサ　170
  6.2.3　温度センサ　172
  6.2.4　磁気センサ　175
  6.2.5　位置センサ　177
  6.2.6　角度センサ　180

目 次

- 6.2.7 加速度センサ ……………………………………… 182
- 6.2.8 圧力センサ ………………………………………… 183
- 6.3 力センサ …………………………………………………… 183
  - 6.3.1 ひずみゲージ（ストレインゲージ） ………… 184
  - 6.3.2 力センサの基本構造 …………………………… 195
  - 6.3.3 多軸力センサ …………………………………… 201
- 6.4 アクチュエータとは ……………………………………… 210
- 6.5 モータ ……………………………………………………… 211
  - 6.5.1 DCモータ ………………………………………… 211
  - 6.5.2 ステッピングモータ …………………………… 213
- 6.6 さまざまなアクチュエータ ……………………………… 214
  - 6.6.1 ボイスコイルモータ …………………………… 214
  - 6.6.2 リレーとソレノイド …………………………… 215
  - 6.6.3 油圧および空気圧アクチュエータ …………… 217
  - 6.6.4 圧電アクチュエータ …………………………… 218
  - 6.6.5 形状記憶合金 …………………………………… 222
  - 6.6.6 超音波モータ …………………………………… 223

第7章 フィードバック制御〜制御システムを作る〜 ……… 225

- 7.1 制御とは …………………………………………………… 225
- 7.2 フィードバック制御系 …………………………………… 227
- 7.3 ボード線図を用いたフィードバック制御系の設計 …… 231
- 7.4 制御系の特性設計 ………………………………………… 240
- 7.5 アナログ制御とデジタル制御 …………………………… 247

第8章 実際のフィードバック制御〜制御の実例〜 ………… 249

- 8.1 磁気ディスクドライブの制御 …………………………… 249
- 8.2 光ディスクドライブの制御 ……………………………… 259
- 8.3 圧電素子微動機構の制御 ………………………………… 263
- 8.4 DCモータの制御 ………………………………………… 267
- 8.5 制御から見たオペアンプ ………………………………… 281
- 8.6 オペアンプで構成した制御回路 ………………………… 290

おわりに ··· 297
索　引 ··· 299

よもやま話
　フィードバックの出自 ··· 5
　テスターを使ってはいけない ·· 6
　ピカピカのハンダ付け ··· 161
　デジタルオシロとアナログオシロ ···································· 162
　電源の配線の色 ··· 224
　ハンダ付けの腕前 ·· 295
　ブレッドボードを使ってはいけない ································· 295

第1章 メカトロニクス
 ～メカトロニクスとは～

1.1 メカトロニクスの分野

　メカトロニクス（Mechatronics）とは，機械工学（メカニクス，Mechanics）と電子工学（エレクトロニクス，Electronics）の合成語であり，機械を電子回路によって制御することを意味する．メカトロニクスを短くしたメカトロという言葉もよく使われる．

　メカトロニクスは，機械工学と電子工学をその基礎としている．さらに最近のメカトロニクスでは，機械工学，電子工学とともに情報工学（informatics）を含めて，その基礎が形成されている．

　機械工学としては，より具体的には，機械力学，材料力学，熱力学，流体力学，機構学，制御工学，システム工学，設計工学，ロボット工学などが関連している．電子工学としては，電磁気学，電気工学，半導体工学，通信工学，計測工学，無線工学などが関連している．さらに情報工学においては，計算機工学，ソフトウェア工学，ネットワーク工学などが関連している．このように，広い分野の知見が活かされてメカトロニクス領域が構成されている．

　メカトロニクスの関連する分野も，多岐にわたる．例えば産業分野を列挙すると，情報・通信，家電，医療福祉，精密機械，自動車，産業機械，建設・土木，航空・宇宙，重電と，軽いものから重いものまで，メカトロニクスの関連しない機械を探すのが難しいほどである．

1.2 メカトロニクスの効果

従来メカニカルに動いていた機器が，メカトロニクス化された例は多い．身近なものでも，タイプライタからプリンタへ，フィルムからデジタルカメラへ，機械時計からクオーツ時計へ，バネばかりから電子天秤へ，などがある．自動車は，メカトロニクス化が進んでいる最先端製品であろう．また最近現れた機器，例えば情報機器やロボットなどは，初めからメカトロニクス製品として設計されている．

メカトロニクス化することの効果は，以下の通りである．
1) 柔軟性の向上

機器の特性を変更することができ，また一つの機器で多種多様な動作が実現できる．
2) 小型軽量化

プログラムで多様な動きが実現でき，複雑な機構が不要となるため，装置の小型軽量化につながる．
3) 高精度化

フィードバック制御により，誤差の低減，動作の高精度化，直線性の向上が実現できる．また制御的に剛性を上げることができる．
4) 高速化

フィードバック制御により，追従帯域を拡大することができ，動作の高速化が実現できる．
5) 信頼性の向上

機器の精度のばらつきを抑え，特性を均一化することができる．機械的摺動部をなくすことで，信頼性の向上や長寿命化につながる．

1.3 メカトロニクス機器の開発

　メカトロニクス機器は，電子回路で制御された機械である．またその回路は，近年ではほとんど回路上のマイクロコンピュータのソフトウェアにより制御されている．したがってメカトロニクス機器は，機械（メカ），電子回路（エレキ），プログラム（ソフト）の3つにより構成されていると言ってよい．メカトロニクス機器の開発では，機械技術担当，電子技術担当，プログラム担当の技術者が協力することになり，それぞれ俗な言い方でメカ屋，エレキ屋，ソフト屋とも呼ばれる．

　製品を設計するに当たっては，メカ，エレキ，ソフトの3つが，それぞれどの範囲をカバーするのか，最適な配分設計が必要である．例えばある動きを実現する場合，カムやリンクを組み合わせて機械的に行う方式と，モータの回転数を制御して制御的に行う方式が考えられる．フィードバック制御を行う場合，アナログ回路で実現する方式と，ソフトウェアでデジタル制御を行う方式が考えられる．必要な機能，コスト，設計の容易さ，保守性など，多くの要因を考えてカバー範囲を決定する必要がある．メカ屋，エレキ屋，ソフト屋と守備範囲を決めるのでなく，全体を理解しておかないと，これには対応できない．

　本書は，特にメカ，エレキに関連する分野について，全体を俯瞰できる技術者になって欲しいと，期待して書かれている．

1.4　本書の内容

　メカトロニクス機器は，原理や設計の内容を理解しないとまず動かない．逆に動かない機器でも，原理や設計の内容を理解して端からチェックすれば，必ず動作する．本書は，その理解のための基礎知識を身に付けてもらうことを目的としている．

　メカトロニクスは，対象となる機器やシステムの状態を計測し，それを我々

の望むように制御することである．従って本書で扱う内容も，対象を計測する技術と，計測した情報を用いて対象を制御する技術となる．

　対象となる機器やシステムの特性を理解しようとするとき，最も直観的にわかりやすく基本となるのは，線形システムの考え方，その中で特に周波数応答の考え方であると筆者は考えている．周波数応答とは，機器やシステムにある周波数の入力があったときに，出力の振幅と位相がどう変わるか，を記述したものである．通常我々が扱う波形は，正弦波の重ね合わせで表すことができる．そのため，周波数応答がわかっていれば，任意の入力信号が入ったときのシステムの出力を予測できる．ボード線図で表せば，その機器やシステムの周波数特性が一目でわかる．本書では，ボード線図を用いて周波数特性をビジュアルに確認しながら，周波数領域で設計する，ということを基本スタンスとしている．

1.5　本書の構成

　本書の構成は，以下の通りである．第2章では，連続時間（アナログ）系でのシステムの考え方の基本を述べる．第3章では，計測の基本事項と，計測の結果である信号の評価について述べる．第4章では，信号を処理するためのさまざまな技術について述べる．第5章では，離散時間（デジタル）系でのシステムの考え方の基本を述べる．第6章では，メカトロニクスの重要な要素であるセンサとアクチュエータの原理について述べる．第7章では，フィードバック制御の基本について述べる．第8章では，メカトロ機器について，フィードバック制御の実例を紹介する．本書の章立ては，この順に読んでいくと理解しやすい，という順となっている．

　図1.1は，メカトロニクスシステムの構成要素と，本書の章の関係である．

1.5 本書の構成

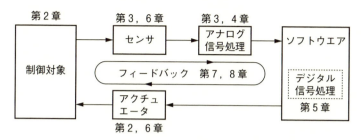

図1.1　メカトロニクスの構成要素と本書の章関係

　アナログ信号による計測までが必要なら第2, 3, 4章，フィードバック制御が必要ならさらに第7章を読んでいただきたい．またデジタル信号で信号処理を行うなら第5章を読んでいただきたい．実際のメカトロに出てくるデバイスは第6章，実際の制御の例は第8章に記載されている．

よもやま話

フィードバックの出自

　フィードバックの概念の出自は，メカの世界とエレクトロニクスの世界とでは異なっている．メカの世界では，Wattの蒸気機関の遠心調速機（ガバナ）の発明にさかのぼる．この調速機の安定性の解析から，自動制御の理論につながっている．それに対してエレクトロニクスの世界では，電話中継のための高性能増幅器から始まっている．非線形で特性のバラツキや変動のある真空管を用いて，直線性が良くひずみが少ない増幅器を構成するため，負帰還の考えが使われた．

　感覚的な表現であるが，メカの世界でフィードバック制御をするときには，制御対象の状態を一定に保つことや目標に追従させる，といったことを目的としている．それに対しエレクトロニクスの世界でのフィードバック制御は，デバイスの特性のバラツキを抑圧することや直線性を確保すること，を目的としている．実際には両者は同じことなのであるが．

第1章　メカトロニクス～メカトロニクスとは～

━━━ よもやま話 ━━━

テスターを使ってはいけない

　研究室に入ってきた新人には，いつもこう言っている．

　計測では，刻々と変化していく信号が意味を持っている．どんな周波数成分なのか，ノイズはどれくらいか，ドリフトがあるのか…．しかしテスターでは，この信号の動的な変化が全くわからない．特に針式のアナログテスターより，最近のデジタルテスターが最悪である．

　信号のチェック，回路のチェックには，必ずオシロスコープを使うよう，口うるさく言っている．オシロスコープでは，信号の動的な振る舞いが一目瞭然だからである．しかしオシロスコープを使うのは面倒らしく，なかなか使ってくれない．ふと見ると，みんなテスターを手にしている．

　しょうがないので「実験室にあるテスターは全部捨てよう」と主張しているのだが，学生さんたちの強硬な反対にあって未だ実現できていない．

第2章 連続時間システム
～アナログ系で考える～

　連続時間信号あるいはアナログ信号とは，振幅方向（大きさ方向）および時間方向に対して，連続的に変化する信号である．通常，世の中の現象を計測すると，ほとんどの場合結果は連続時間信号で表すことができる．

　本章では，連続時間信号，および連続時間信号を入出力とする連続時間システムを対象とする．連続時間システムは入出力の関係が微分方程式で表されるシステムであり，これを扱う基礎となる手法を述べる．

2.1 信号波形とスペクトル

　信号波形とは，何らかの物理量の変化を，時間を横軸として表示したものである．特に本書で対象とするメカトロニクスでは，物理量の変化はセンサで検出され，信号は電圧の変化となっている．この電圧波形は，縦軸を振幅，横軸を時間として，表すことができる．実際の計測では，オシロスコープを用いると，この電圧波形をディスプレイに表示させることができる．横軸を時間に取って表記することを，時間領域（Time Domain）での表現という．それに対して，ある時刻近傍においてその波形にどういう周波数成分がどれくらい含まれているかを，横軸を周波数に取って表記することを，周波数領域（Frequency Domain）での表現という．またこのグラフを周波数スペクトルという．

　図2.1に，時間領域と周波数領域での信号の表現の様子を示す．時間領域はオシロスコープで観測できるが，周波数領域はFFT（Fast Fourier

第2章 連続時間システム～アナログ系で考える～

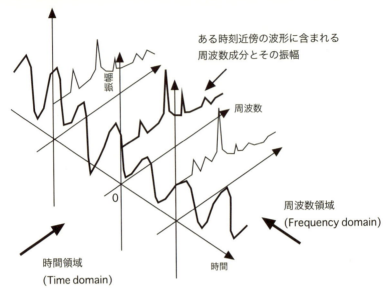

図 2.1 時間領域と周波数領域での信号の表現

Transform, 高速フーリエ変換）の機能を持つスペクトラムアナライザ（スペアナ）で観測するのが普通である．また，先に「ある時刻近傍において」と書いたが，これは有限の時間長がないとフーリエ変換ができないためである．

物理現象を観察するためには時間領域の信号波形を見るのが基本であるが，信号の特徴をつかむためには周波数領域のスペクトルを見る方が理解しやすい．信号解析だけでなく，メカの特性解析，回路の設計，制御系の設計においても，周波数領域で考えるのが普通である．図 2.2 の例は，ある信号に，ある周波数より高い成分を減衰させるフィルタをかけた例である．信号スペクトルの縦軸は振幅（Amp:Amplitude あるいは Mag:Magnitude），フィルタ特性の縦軸は増幅率（Gain）である．このような図を用いると、フィルタにより信号の高い周波数成分のレベルが下がることが，視覚的に理解できる．

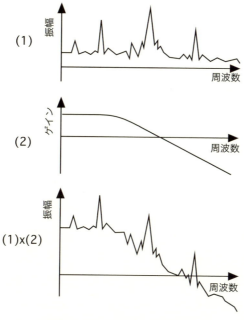

図 2.2 周波数領域での演算の例

2.2 たたみ込み積分

　周波数領域（Frequency Domain）での話に入る前に，まず時間領域（Time Domain）での特性の表現の方法を述べる．**図 2.3** のように，一般にシステムや要素は，入力と出力の 2 つの矢印を持つブロックで表される．

　ここで扱うのは線形システムであり，時間移動が可能で線形性があるものとする．線形性とは，2 つの波形があったとき波形どうしが干渉せず，波形の高さに足し合わせ（加算）が成り立つことである．波形どうしが干渉する場合，例えばかけ合わせ（積算）となるときは非線形である．時間領域では，出力 $y(t)$ は，入力 $u(t)$ とシステムの特性 $g(t)$ のたたみ込み積分となる．ただし，システムの特性 $g(t)$ とは，そのシステムのインパルス応答である．入出力の

第2章 連続時間システム〜アナログ系で考える〜

図 2.3 システムのブロック図表示

関係を式で書くと，

$$y(t) = \int u(t-z)g(z)dz \tag{2-1}$$

となる．

　たたみ込み積分というとややこしそうだが，式(2-1)の意味するところは，現在の出力には過去から現在までの入力の履歴が影響している，ということである．現在の出力は現在の入力だけで決まるのではなく，過去の入力の影響が続いており，これらをすべて足し合わせたものが現在の出力となる．例えば，現在の貯金の残高は過去の入金の履歴と関係があるとか，走っている車のスピードはそれまでのアクセルの踏み方と関係があるなど，たたみ込み積分の簡単な例である．世の中のほとんどのものの特性は，たたみ込み積分で表すことができる．式(2-1)は，単に形を覚えるのではなく，意味していることを理解して欲しい．

　たたみ込み積分を，**図 2.4〜図 2.7** を用いて説明する．図 2.4 は，このシステムのインパルス応答である．上段は入力 $u(t)$，下段は出力 $y(t)$ である．インパルス応答とは，インパルス入力，すなわちデルタ関数を入力として与えたときのシステムの出力である．デルタ関数は，面積は 1 で，時間方向に無限に小さく，振幅方向に無限に大きい関数として定義されている．この図に示したインパルス応答の形は一つの例であるが，時間 t の経過に伴って減少するのが普通である．

　図 2.5 は，時間が z だけ遅れて，面積が高さ方向に $u(z)$，時間方向に Δz だけ大きくなったインパルス入力とその応答である．式で書くとそれぞれ，

2.2 たたみ込み積分

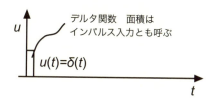

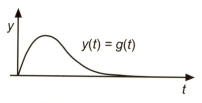

図 2.4 インパルス応答

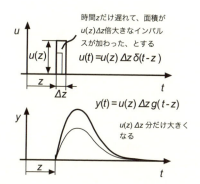

図 2.5 インパルス応答の時間移動と拡大

$$u(t) = u(z)\Delta z \delta(t-z)$$
$$y(t) = u(z)\Delta z g(t-z)$$
(2-2)

となる．これは，時間移動ができる，入力と出力が比例する，ということを意味している．

図 2.6 は，2 つの入力が加わったときの，入力と出力の様子である．式で書くとそれぞれ，

$$u(t) = u(z_1)\Delta z_1 \delta(t-z_1) + u(z_2)\Delta z_2 \delta(t-z_2)$$
$$y(t) = u(z_1)\Delta z_1 g(t-z_1) + u(z_2)\Delta z_2 g(t-z_2)$$
(2-3)

第2章 連続時間システム〜アナログ系で考える〜

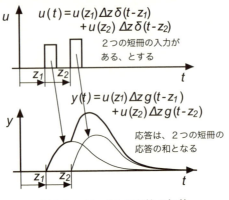

図 2.6 インパルス応答の加算

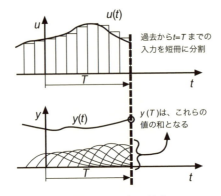

図 2.7 過去からの連続した入力に対するシステムの応答

となる．出力は，2つの応答の加算となる．この加算できること，前述の時間移動できること，入出力が比例するという性質を線形性と呼び，この性質があるものを線形システムという．

以上を踏まえ，連続した入力に対するシステムの応答を考える．**図 2.7** は，過去から現在までの連続した入力に対する，現在の応答を表す図である．

現在の時刻を $t=T$ とし，過去から現在の時刻までの入力を細かい短冊に区切り，おのおのの短冊に対する応答を求める．現在の出力は，それらの応答の加算することで求められる．このことを式で書くと，

2.2 たたみ込み積分

$$y(T) = \sum_{-\infty}^{T} u(z)\Delta z g(T-z) \tag{2-4}$$

となる．Σを積分記号に変更し，積分範囲を変更すると，

$$y(T) = \int_{-\infty}^{T} u(z)g(T-z)dz = \int_{0}^{\infty} u(T-z)g(z)dz \tag{2-5}$$

となって，たたみ込み積分の式が得られる．

図 2.4 から図 2.7 までの流れが理解できれば，「時間領域では，出力は，入力とシステムの特性のたたみ込み積分となる」ことと，「システムの特性とは，そのシステムのインパルス応答のことである」が理解できるはずである．

インパルス応答とは，入力がデルタ関数の場合の系の出力のことである．時間領域では，インパルス応答そのものが，系の特性となることに注意して欲しい．工学的にインパルス応答を求めるには，ハンマーで叩く，鉄球を落とす，シャープペンの芯を折る，などして，衝撃的な入力を与える．ただしこの方法で求めたインパルス応答は定量的ではない（あまり正確ではない）ため，実際にはこの方法で伝達関数を求めることは少ない．

工学の分野でたたみ込み積分が出てくる典型的なものとして，2つ例をあげる．注目している点に対して，その周りの状況がすべて影響している場合が該当する．これはたたみ込み積分の説明の時間軸を，位置に置き換えて考えるとわかりやすい．

一つ目の例は，部屋のある場所での明るさを求めるものである．天井の明るさが離散的な（照明がとびとびにある）場合を**図 2.8** に，天井の明るさが連続的な（天井が分布を持って一面光っている）場合を**図 2.9** に示す．

図 2.8 において，天井に 3 つの照明があるとする．各照明の位置を λ_i，照明直下の明るさを p_i，また照明の明るさの位置による減衰を表す関数を $w(x)$ とする．$w(x)$ は例えば，

$$w(x) = \exp(-x^2) \tag{2-6}$$

のような関数でもよい．これは照明直下で最も明るく，離れるに従って光量が

第2章 連続時間システム〜アナログ系で考える〜

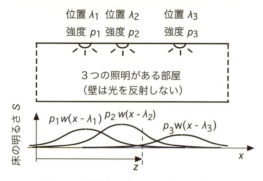

図 2.8　離散的に光る照明のある部屋

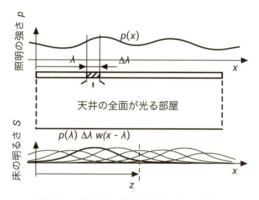

図 2.9　連続的に光る照明のある部屋

下がる形である．位置 z における，各照明の明るさへの寄与分はそれぞれ $p_i w(z-\lambda_i)$ である．トータルの明るさ $S(z)$ は，3つの照明からの明るさの寄与分を加算すればよい．従って，

$$S(z) = \sum_{i=1}^{3} p_i w(z-\lambda_i) \tag{2-7}$$

で表されることになる．

　図 2.8 の例は，照明が3つという離散的な状態であったが，今度は天井の全面が光る連続的な状態を考えてみる．図 2.9 において，天井に連続的に光る照明があるとする．照明の微小部分を考え，その位置を λ，長さを $d\lambda$ とする．

2.2 たたみ込み積分

微小部分の光の強度は位置の関数 $p(\lambda)$ で，明るさは $p(\lambda)d\lambda$ となるとする．照明の明るさの位置による変化を表す関数は，同様に $w(x)$ とする．位置 z における照明の微小部分の明るさへの寄与分は，$p(\lambda)d\lambda w(z-\lambda)$ となる．トータルの明るさ $S(z)$ は，微小部分の明るさの寄与分を積分すればよいので，

$$S(z) = \int_{-\infty}^{\infty} p(\lambda)w(z-\lambda)d\lambda \tag{2-8}$$

で表されることになる．この式でわかる通り，明るさの分布の関数と，明るさの変化，すなわち周囲にどれくらい影響を与えるかという関数の，たたみ込み積分になっている．

式(2-8)は交換則が成り立ち，

$$S(z) = \int_{-\infty}^{\infty} p(\lambda)w(z-\lambda)d\lambda = \int_{-\infty}^{\infty} p(z-\lambda)w(\lambda)d\lambda \tag{2-9}$$

となる．

二つ目の例は，波形をフィルタリング処理するものである．離散的な波形のフィルタリングを図 2.10 に，連続的な波形のフィルタリングを図 2.11 に示す．前者はデジタル信号を計算で処理する場合，後者はアナログ信号をアナログフィルタで処理する場合に相当する．

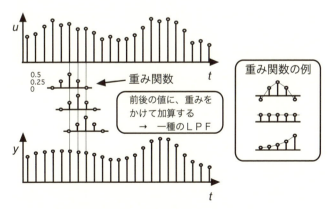

図 2.10　デジタル信号のフィルタリング

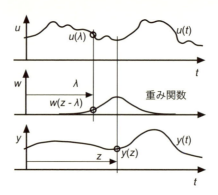

図 2.11　アナログ信号のフィルタリング

図 2.10 は，ある間隔（サンプリングタイム）をあけて，間欠的にデータを取得したものである．あるデータとその前後のデータを重みをかけて加算し，新しいデータとする．これは一種のフィルタ処理である．重みの形によってさまざまな特性を実現することができるが，詳しくは離散時間システムの章を参照されたい．例えば重み関数を $(w_{-1}, w_0, w_1) = (1/4, 1/2, 1/4)$ として，

$$y_z = \sum_{i=-1}^{1} u_{z-i} w_i \tag{2-10}$$

の処理を行えば，これは一種の平均化処理となり，ノイズを減らすローパスフィルタとなる．またこれは，デジタルのたたみ込み積分である．

図 2.11 は，連続的なデータに対してフィルタリング処理を行う例である．注目している時刻を z とし，その出力 $y(z)$ への λ の時刻の入力 $u(\lambda)$ の寄与分は，重みを表す関数を $w(x)$ として，$u(\lambda)w(z-\lambda)$ となる．これを積分すると，

$$y(z) = \int_{-\infty}^{\infty} u(\lambda)w(z-\lambda)d\lambda = \int_{-\infty}^{\infty} u(z-\lambda)w(\lambda)d\lambda \tag{2-11}$$

となり，たたみ込み積分で表されることになる．

図 2.7 で示した時間軸に沿ってのたたみ込み積分は，現在の出力が，現在あるいは過去の入力信号に依存しているシステムで，これを「因果性があるシス

テム」という．入力信号が与えられた後でなければその信号に対する応答は計算することができないという，実時間システムの制限でもある．

それに対して，図2.10 あるいは図2.11 は，現在の出力を求めるのに，現在あるいは過去の入力信号だけでなく，未来の入力信号を用いていることになる．これを「因果性がないシステム」という．必要な信号系列をメモリに記憶しておき，信号系列の過去から未来の，すべての時刻の情報を処理に反映することができる．ただし，実時間性はなくなる．

2.3 フーリエ変換

任意の信号は，周波数の異なる正弦波（サイン波とコサイン波）の重ね合わせで表現できる．周期を持つ信号は，正弦波の級数で表すことができ，それをフーリエ級数と呼ぶ．周期を持たない信号は，フーリエ級数を拡張したフーリエ変換で，信号に含まれている周波数成分を表すことができる．

2.3.1 フーリエ級数

フーリエ級数展開とは，「周期 T（角周波数 $\omega = 2\pi/T$）を持つ周期関数 $f(t)$ は，T を基本周期とするサイン波，コサイン波の和で表すことができる」というものである．式で書くと，次の通りとなる．

$$f(t) = \frac{a_0}{2} + \sum_{n=1}^{\infty}(a_n \cos n\omega t + b_n \sin n\omega t) \qquad (2\text{-}12)$$

$$a_n = \frac{2}{T}\int_0^T f(t)\cos n\omega t\, dt \qquad (2\text{-}13)$$

$$b_n = \frac{2}{T}\int_0^T f(t)\sin n\omega t\, dt \qquad (2\text{-}14)$$

$$\omega = \frac{2\pi}{T} \qquad (2\text{-}15)$$

式(2-12)は，$f(t)$ が周波数の異なるサイン波，コサイン波の和で表せること

を示しているだけなので，難しくはない．また式(2-13)，式(2-14)で示した係数 a_n, b_n は，$f(t)$ に対してただ一通りに決まる．係数 a_n, b_n がなぜこの式で求められるかを理解しておくと，フーリエ級数の理解が容易である．簡単に言えば，三角関数の直交性に由来している．サイン波は，コサイン波や同じサイン波でも自分と異なる周期の信号とかけ算された場合，1周期の積分値が 0 になってしまうからである．

図 2.12 を用いて，三角関数の直交性を説明する．$f(t)$, $g(t)$ の 2 つの関数と，その積 $f(t)g(t)$ の形を示している．比較しやすいように，$g(t)$ は同じ 1 周期のサイン波としておく．

図 2.12(a) は，$f(t)$ が，$g(t)$ と同じ周波数，位相のサイン波である．このとき 2 つの信号の積 $f(t)g(t)$ の斜線部分の面積の和は，正の値となる．これは $f(t)g(t)$ を 1 周期で積分したことになる．図 2.12(b) は，$f(t)$ が，$g(t)$ と同じ周波数ではあるがコサイン波の場合である．このとき $f(t)g(t)$ の斜線部分の面積の和，すなわち積分値は，ゼロとなってしまう．図 2.12(c) は，$f(t)$ が，サイン波ではあるが $g(t)$ と周波数が異なる場合である．このときも $f(t)g(t)$ の斜線部分の面積の和，すなわち積分値は，ゼロとなってしまう．

これらのことから，$f(t)g(t)$ の 1 周期の積分値は，$f(t)$ と $g(t)$ の類似度を表

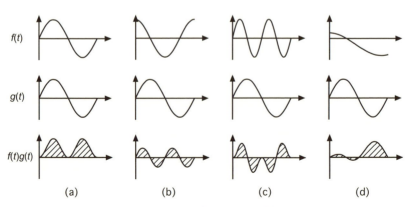

図 2.12　2 つの三角関係とその積の例

2.3 フーリエ変換

していることがわかる．さらに踏み込んだ表現をすれば，この積分値は，$f(t)$ に含まれる $g(t)$ 成分の量を表す，としてもよい．図 2.12(d) では，$f(t)$ は適当な関数である．図から $f(t)g(t)$ の積分値は正の値をとることがわかるが，これは $f(t)$ 中の $g(t)$ 成分の量を表していることになる．

図 2.12(a) の場合の積分値を，具体的に計算してみると，

$$f(t)g(t) = \int_0^T (\sin \omega t)^2 dt = \int_0^T \frac{1-\cos 2\omega t}{2} dt = \frac{1}{2}[t - \sin 2\omega t]_0^T = \frac{T}{2} \tag{2-16}$$

となる．この値の逆数が，式(2-13)，式(2-14)で示した係数 a_n，b_n の積分の前についていて，ちょうど同じ波形のとき，係数が 1 となるようになっている．

別の例で，フーリエ級数の性質をみておく．**図 2.13** は，周期 $T=2\pi$ を基本周期とする波形で，高い周波数成分を加えていったときの波形の変化を示す図である．高い周波数成分（短い周期の成分）が入ってくるにつれ，サイン波は方形波に近づいていくことがわかる．実際の波形の観測においても，とんがった波形ほど高い周波数成分が含まれている．

図 2.13 の右に示したものは，サイン波の係数を，横軸を周波数にとって並べたものである．このように，波形にどういう成分が含まれているか，波長または振動数の順に並べたものをスペクトルという．今後は，このスペクトルという考え方が最も重要になってくる．時間軸で波形を表記するよりも，その波形にどういう周波数成分が含まれているかで表現した方が，信号の性質が直接的にわかって便利だからである．

サイン波，コサイン波の代わりに複素正弦波を使って表現したものが，複素フーリエ級数である．式で書くと次のようになる．

$$f(t) = \sum_{n=-\infty}^{\infty} c_n e^{jn\omega t} \tag{2-17}$$

$$c_n = \frac{1}{T} \int_0^T f(t) e^{-jn\omega t} dt \tag{2-18}$$

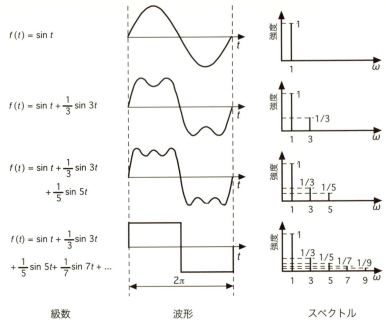

図 2.13　フーリエ級数の例とその波形とスペクトル

これらの式は，オイラーの公式を用いて，

$$\cos n\omega t = \frac{e^{jn\omega t} + e^{-jn\omega t}}{2} \tag{2-19}$$

$$\sin n\omega t = \frac{e^{jn\omega t} - e^{-jn\omega t}}{2j} \tag{2-20}$$

とし，式(2-12)〜(2-14)に代入して求めることができる．

式(2-18)も，$e^{jn\omega t}$ の形が正弦波を表すことがわかっていれば，図 2.12 での議論と同じ考え方で，$f(t)$ に含まれている周波数 ω の成分を抜き出していることがわかる．

2.3.2　フーリエ変換

フーリエ変換は，複素フーリエ級数展開を非周期関数に拡張したもの

2.3 フーリエ変換

($T\to\infty$) である．フーリエ変換は式(2-21)で，フーリエ逆変換は式(2-22)で与えられる．

$$F(\omega)=\int_{-\infty}^{\infty}f(t)e^{-j\omega t}dt \tag{2-21}$$

$$f(t)=\frac{1}{2\pi}\int_{-\infty}^{\infty}F(\omega)e^{j\omega t}d\omega \tag{2-22}$$

フーリエ変換が意味するところは，時間軸の関数 $F(t)$ について，その関数に含まれる各周波数 ω の成分の強度の関数 $F(\omega)$ を作っていることになる．フーリエ変換は，時間領域（Time domain）と周波数領域（Frequency domain）の掛け橋となるものである．

周期波形から孤立波形へ移行するにつれ，スペクトルは離散的なものから連続的なものへ変化する．孤立波形ということは，非周期波形ということである．方形波を例にとって，周期が広がっていった場合のスペクトルの変化の様子を，

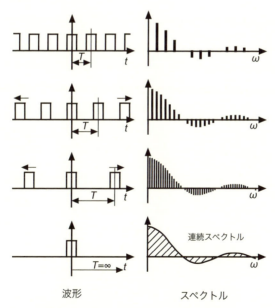

図 2.14 周期によるスペクトルの変化

図 2.14 に示す．

2.4 ラプラス変換

2.4.1 ラプラス変換

ラプラス変換は，工学の分野では非常によく用いられる．ラプラス変換は式(2-23)，ラプラス逆変換は式(2-24)で表される．またラプラス演算子は式(2-25)で定義される．

$$F(s) = \int_0^\infty f(t) e^{-st} dt \tag{2-23}$$

$$f(t) = \frac{1}{2\pi \mathrm{j}} \int_{c-\mathrm{j}\infty}^{c+\mathrm{j}\infty} F(s) e^{st} ds \tag{2-24}$$

$$s = \sigma + \mathrm{j}\omega \tag{2-25}$$

実際には，ラプラス変換の式(2-23)に戻って考えることはほとんどない．特にラプラス逆変換の式(2-24)は使わない．ラプラス変換表があり，それを見れば変換ができるし，そもそも変換表が必要となることもほとんどない．

ラプラス変換は，フーリエ変換に収束因子かけて収束性をよくした変換である．ラプラス変換は，時間軸の瞬間値と周波数の関係を，初期値を含めて正確に表わすことができる．$s=\sigma+\mathrm{j}\omega$ はラプラス演算子と呼ばれ，σ が収束性に関する変数，ω が周波数に関する変数である．しかし実際には収束性を議論することはほとんどなく，$s=\mathrm{j}\omega$ と考えてよい．逆に $s=\mathrm{j}\omega$ とすることで，ほぼフーリエ変換と同じものとなり，時間領域と周波数領域の掛け橋となる．

工学でラプラス変換を用いることの最も大きな利点は，システムの応答を計算する際，時間領域のたたみ込み積分が，ラプラス変換を用いた周波数領域ではかけ算ですんでしまうからである．ややこしい積分が不要となる．

図 2.15 は，システムの応答を求める手法を表した図である．時間領域では，出力 $y(t)$ は，入力 $u(t)$ とシステムの特性 $g(t)$ のたたみ込み積分で表された．これを，各関数をラプラス変換した周波数領域で考えると，出力 $Y(s)$ は，入

2.4 ラプラス変換

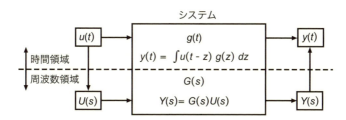

図 2.15　時間領域と周波数領域におけるシステム

力 $U(s)$ とシステムの特性 $G(s)$ の積で表される．出力 $Y(s)$ をラプラス逆変換すると時間領域での出力 $y(t)$ を求めることもできる．

システムの特性 $g(t)$ をラプラス変換した $G(s)$ は，システムの「伝達関数」と呼ばれ，周波数領域におけるシステムの特性を表す関数として，非常によく出てくる概念である．伝達関数 $G(s)$ は，入力のラプラス変換 $U(s)$ と出力のラプラス変換 $Y(s)$ の比である．この伝達関数 $G(s)$ は，システムの物理モデルから，その概形が求められることが多い．また実際のシステムの伝達関数は，システムに基準信号を入力し，そのときの出力との比率から求める．

伝達関数 $G(s)$ をみれば，そのシステムがどういう特性を持っているかがわかる．特に伝達関数 $G(s)$ において $s = j\omega$ とした場合は，そのシステムの周波数応答を表しており，ボード線図に描くことで，特性の把握が容易となる．

2.4.2　ラプラス変換の使い方

ラプラス変換は演算子法であり，微分方程式や積分方程式を代数式に置き換えることで，簡単に解くことができるようになる．前述のように，伝達関数に関して言えば，周波数領域でのたたみ込み積分がラプラス変換した周波数領域ではかけ算になるため，面倒な積分が不要となる．

表 2.1 は，ラプラス変換の対応を示した変換表である．最もよく用いるのは，微分操作は s をかける，積分操作は s で割る，ということである．これを知っていると，微分法的式や積分方程式を代数式に置き換えることができる．ラプラス演算子を用いた一次遅れ系や二次遅れ系の伝達関数は，機械系や電気系に

表 2.1 ラプラス変換表

f(t)	F(s)	f(t)	F(s)
$\dfrac{df}{dt}$	sF	$e^{-at}\sin bt$	$\dfrac{b}{(s+a)^2+b^2}$
$\int f\,dt$	$\dfrac{F}{s}$	$e^{-at}\cos bt$	$\dfrac{s+a}{(s+a)^2+b^2}$
af_1+bf_2	aF_1+bF_2	$\dfrac{1}{r}e^{-at}\sin rt$	$\dfrac{1}{s^2+2as+b}$
$\delta(t)$	1		$r=\sqrt{b-a^2}$
1	$\dfrac{1}{s}$	$e^{-at}(\cos rt$	$\dfrac{s}{s^2+2as+b}$
t	$\dfrac{1}{s^2}$	$+\dfrac{a}{r}\sin rt)$	$r=\sqrt{b-a^2}$
e^{-at}	$\dfrac{1}{s+a}$	$u(t-a)$	$\dfrac{e^{-at}}{s}$
$\sin at$	$\dfrac{a}{s^2+a^2}$		
$\cos at$	$\dfrac{s}{s^2+a^2}$		

おける基本事項である．これらについては後述する．

2.5 周波数応答

2.5.1 正弦波の表記

周波数 ω の正弦波（単一周波数の交流信号）の表し方として，

$$u(t)=Ae^{j\omega t} \tag{2-26}$$

という表記を用いる．この式はオイラーの公式を用いると，

$$u(t)=Ae^{j\omega t}=A(\cos\omega t+j\sin\omega t) \tag{2-27}$$

となるので，実数成分，あるいは虚数成分をとれば見慣れたサイン波あるいはコサイン波となる．しかし $Ae^{j\omega t}$ そのものを，交流信号の代わりに使うのが普通である．これは，微分や積分をするときに計算が楽だからである．微分や積

2.5 周波数応答

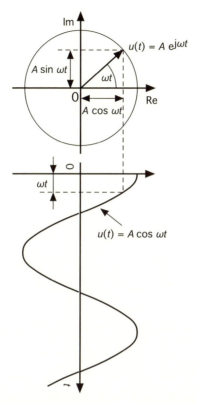

図 2.16 回転ベクトルによる正弦波の表現

分を行う場合，複素数表示で演算した結果の実数部分を取り出すと，実数部分だけで演算した場合と変わらない．

式(2-26)は，半径 A のベクトルが，周波数 ω で原点のまわりを回っていると考えるのがわかりやすい．ベクトルの実軸への射影が $A\cos\omega t$ 成分，虚軸への射影が $A\sin\omega t$ 成分となる．その様子を図示すると，**図 2.16** のようになる．三角関数での表現としては，実軸への射影した $A\cos\omega t$ をとることが多い．

よく正弦波という表現をするが，これは厳密なサイン波というわけではなく，コサイン波を含めた交流信号，という意味でこの言葉を使うことが多い．

2.5.2 周波数応答

線形システムでは，出力信号は，入力信号と同じ周波数成分しか持たない．ただし出力信号の振幅は変化し，位相はずれてもよい．それを図示すると，**図2.17** となる．

入力信号を，
$$u(t) = Ae^{j\omega t} \tag{2-28}$$
とした場合，線形システムでの出力は，周波数は変化しないので，
$$y(t) = Be^{j(\omega t + \varphi)} \tag{2-29}$$
と表すことができる．またこのとき入力と出力の比をとると，
$$\frac{y(t)}{u(t)} = \frac{Be^{j(\omega t + \varphi)}}{Ae^{j\omega t}} = \frac{B}{A}e^{j\varphi} \tag{2-30}$$
となる．A/B をゲイン（振幅比），φ を位相（のずれ）と呼び，ゲインと位相をあわせて周波数応答という．

周波数応答とは，ある周波数の信号が入ったとき，それが何倍にされるか，また位相がどれだけずれて出力されるか，ということである．周波数応答は周波数 ω の関数であり，周波数応答がわかればそのシステムの特性を直観的に理解することができる．

周波数応答は，周波数毎のゲインや位相のずれを表すものである．前述のフーリエ変換での議論から，任意の入力信号は正弦波の合成で表現できるため，周波数応答から個々の正弦波に対する応答がわかれば，それらを合成することで出力信号の様子もわかることになる．

式(2-28)の入力信号と，式(2-29)の出力信号の様子をベクトルと時間軸波形で示したものを**図2.18** に示す．

入力信号と出力信号のベクトルは，位相差 φ を保ったまま周波数 ω で回る

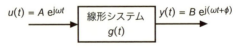

図2.17 線形システムの応答

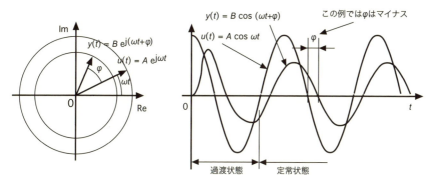

図 2.18　入力信号と出力信号の関係

ことになる．なおシステムに入力が入った直後は過渡状態であり，入出力の関係は安定しない．周波数応答は，しばらく時間がたって入出力の関係が安定した定常状態での応答をいう．

これまで ω は単に周波数としていたが，正確には角周波数であり，単位は [rad/s] である．それに対して周波数を f と表記することも多く，この単位は [Hz] である．ω と f には，

$$\omega = 2\pi f \tag{2-31}$$

の関係がある．

本書でも単に周波数と表現して，ω と f を区別せずに話をすることが多い．工学的には，$\omega \fallingdotseq 6f$ と考えて換算すればよい．

2.5.3　周波数応答の求め方

周波数応答を求めるには，システムの伝達関数 $G(s)$ において，$s = j\omega$ と置いてやればよい．

$G(j\omega)$ は複素数なので，

$$G(j\omega) = a + jb \tag{2-32}$$

となる．このとき，ゲインおよび位相は，

$$B/A = |G(j\omega)| = \sqrt{a^2 + b^2} \tag{2-33}$$

$$\varphi = \angle G(j\omega) = \tan^{-1}\frac{b}{a} \tag{2-34}$$

で求めることができる.

　周波数応答は，ボード線図（ボーデ線図）を用いて表すと，直観的に理解しやすい．ボード線図は横軸に周波数（あるいは角周波数）をとり，縦軸にゲインと位相をとった図である．通常，周波数はログスケール，ゲインは［dB］（デシベル），位相はラジアンではなく［deg］（度，°）で表わされる．周波数応答のボード線図での表記の方法は，後述する.

　デシベル（［dB］）とは，ある物理量の比を表すときに用いる単位である．エレクトロニクスにおいては，電圧の比，あるいは電力の比を表すときに用いられる．伝達関数のゲイン，すなわち入力と出力の比を表す場合にも用いられる.

　比較する電圧を V_1 ［V］，V_2 ［V］とするとき，デシベル表示 G ［dB］は，

$$G = 20\log\left(\frac{V_2}{V_1}\right) \tag{2-35}$$

となる．比較するものが電力であるとき，これらを P_1 ［V］，P_2 ［V］とすると，デシベル表示 G ［dB］は，

$$G = 10\log\left(\frac{P_2}{P_1}\right) \tag{2-36}$$

となる．電圧の場合は係数が20，電力の場合は係数が10となることに注意して欲しい．これは電力が電圧の2乗に比例するためである．10倍の電圧比は100倍の電力比となるが，どちらもデシベルで表すと20［dB］になる.

　デシベル表示の利点は，対数をとっているので，大きな比率を見通しのよい小さな数値で表すことができるからである．また複数の比率の積を表す場合，デシベルでは和で表すことができる．例えば，10倍，100倍，1,000倍の増幅器を直列につなげた場合，全体の増幅率は1,000,000倍となって，値が大きすぎでわかりにくい．これをデシベルで表示すると，それぞれの増幅率は20

2.5 周波数応答

[dB]，40 [dB]，60 [dB]，全体で 120 [dB] となって，見通しがよくなる．

倍率とデシベルの関係を，表 2.2 に示す．デシベルの値は厳密ではなく，数値が丸められているが，通常はこの値を用いて問題ない．これらの数値はすべて覚える必要はなく，電圧比で 2 倍が 6 [dB]，10 倍が 20 [dB] であることを知っていれば，簡単に導くことができる．電力比の場合は，電圧比のデシベル表記の 1/2 となる．

表 2.2 は，左が基本的なデシベルの数値，右は応用例である．以下，求め方を簡単に示す．倍率のかけ算，割り算は，デシベルの足し算，引き算になることを用いている．

- 3 倍は 2 回かけると約 10 倍となるから，2 回足して 20 [dB] となる 10 [dB]
- 5 倍はおよそ 5=10/2 であるから，20−6=14 [dB]
- 100 倍は 10 倍を 2 回かけているから，20+20=40 [dB]
- 0.1 倍は 1/10 であるから，0−20=−20 [dB]
- 20 倍は 10×2 であるから，20+6=26 [dB]
- 40 倍は 10×2×2 であるから，20+6+6=32 [dB]
- 60 倍は 10×2×3 であるから，20+6+10=36 [dB]
- 500 倍は 10×10×5 であるから，20+20+14=54 [dB]

表 2.2 デシベルへの変換例

倍率(比)	電圧比[dB]	電力比[dB]	倍率(比)	電圧比[dB]	電力比[dB]
1	0	0	20	26	13
2	6	3	40	32	16
3	10	5	60	36	18
5	14	7	500	54	27
10	20	10	$\sqrt{2}$	3	1.5
100	40	20	0.5	−6	−3
0.1	−20	−10	$1/\sqrt{5}$	−7	−3.5

- $\sqrt{2}$ 倍を 2 回かけると 2 倍となるから，2 回足して 6 [dB] となる 3 [dB]
- 0.5 倍は 1/2 であるから，0−6 = −6 [dB]
- $1/\sqrt{5}$ 倍を 2 回かけると 1/5 倍となるから，2 回足して −14 [dB] となる −7 [dB]

2.6 線形システムのモデル化

2.6.1 一次遅れ系

一次遅れ系（一次遅れ要素）は，伝達関数の形が，

$$G(s) = \frac{K}{Ts+1} \tag{2-37}$$

で表されるシステムである．分母が s の一次式であることから一次（遅れ）系と呼ばれている．K は比例定数，また T は電気回路では時間のディメンションを持ち，時定数と呼ばれる．電気回路では最もよく出てくる形であり，ローパスフィルタとして用いられる．

一次遅れ系の例を二つあげる．一つ目は図 **2.19** に示す液柱温度計である．液柱に入る熱流 q は，液柱と周囲の温度差 $\theta_{ex} - \theta_{lq}$ に比例し，熱流 q に対する熱抵抗 R に反比例する．そのため，

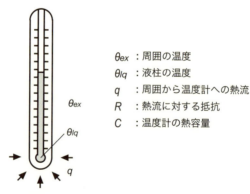

図 **2.19** 一次遅れ系の例（液柱温度計）

2.6 線形システムのモデル化

$$q = \frac{\theta_{ex} - \theta_{lq}}{R} \tag{2-38}$$

が成り立つ．また液柱の温度の変化分 $d\theta_{lq}/dt$ は，熱流 q に比例し，熱容量 C に反比例するため，

$$\frac{d\theta_{lq}}{dt} = \frac{q}{C} \tag{2-39}$$

が成り立つ．これらの式を連立させると，

$$RC\frac{d\theta_{lq}}{dt} + \theta_{lq} = \theta_{ex} \tag{2-40}$$

という微分方程式となる．この式をラプラス変換すると，

$$RCs\Theta_{lq} + \Theta_{lq} = \Theta_{ex} \tag{2-41}$$

となる．ただしラプラス変換した変数は大文字とした．これを整理して，

$$G(s) = \frac{\Theta_{lq}}{\Theta_{ex}} = \frac{1}{RCs+1} = \frac{1}{Ts+1} \tag{2-42}$$

が求められる．ただし，$RC = T$ とした．

二つ目の例は，図 2.20 に示す RC 回路である．左の 2 端子間に入力電圧が加えられ，右の 2 端子間の電圧を出力として取り出す．

抵抗 R に流れる電流 i は，入力電圧 e_{in} と出力電圧 e_{out} を用いて，

$$i = \frac{e_{in} - e_{out}}{R} \tag{2-43}$$

と表すことができる．この電流 i が容量 C のコンデンサに蓄えられるため，

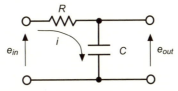

図 2.20　一次遅れ系の例（RC 回路）

が成り立つ．これらの式を連立させると，

$$i = C\frac{de_{out}}{dt} \tag{2-44}$$

が成り立つ．これらの式を連立させると，

$$RC\frac{de_{out}}{dt} + e_{out} = e_{in} \tag{2-45}$$

という微分方程式となる．この式をラプラス変換すると，

$$RCsE_{out} + E_{out} = E_{in} \tag{2-46}$$

となる．ただしラプラス変換した変数は大文字とした．これを整理して，

$$G(s) = \frac{E_{out}}{E_{in}} = \frac{1}{RCs+1} = \frac{1}{Ts+1} \tag{2-47}$$

が求められる．

　一次遅れ系の周波数応答はどうなっているか，式(2-37)に示した一次遅れ系の伝達関数 $G(s)$ について，周波数応答を求め，ボード線図で示す．$s = j\omega$ とすると，式(2-37)は

$$G(j\omega) = \frac{K}{j\omega T + 1} \tag{2-48}$$

となる．この伝達関数を変形すると，

$$G(j\omega) = K\frac{1 - j\omega T}{1 + (\omega T)^2} \tag{2-49}$$

となり，振幅と位相は，

$$|G(j\omega)| = \frac{K}{\sqrt{1 + (\omega T)^2}} \tag{2-50}$$

$$\angle G(j\omega) = -\tan^{-1}\omega T \tag{2-51}$$

で求めることができる．これが一次遅れ系の周波数応答である．

　周波数応答における振幅と位相を，横軸を周波数にとって示したものが，**図2.21**に示すボード線図である．

2.6 線形システムのモデル化

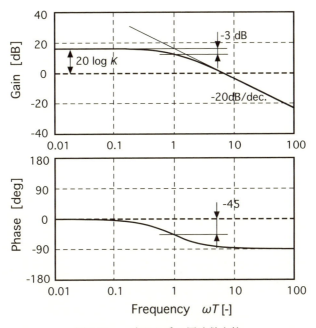

図 2.21　一次遅れ系の周波数応答

ボード線図では，振幅はゲインと表記されることも多く，単位は通常 [dB] でログスケールである．位相は，[rad] ではなく [deg] で表示されるのが普通である．横軸の周波数は，やはりログスケールで表示されることが多い．図 2.21 では，横軸の周波数は，時定数 T で正規化した周波数 ωT で，ログスケールでプロットしてある．ゲインは式 (2-50) の値を [dB] で表示し，位相は式 (2-51) の値を [deg] で表示している．

ボード線図の概形は，式 (2-50) あるいは (2-51) で，$\omega T \to 0$ や $\omega T \to \infty$ とっていくことでおよその形を知ることができる．例えば $\omega T \to 0$ で $|G(j\omega)| = K$，$\angle G(j\omega) = 0$，$\omega T \to \infty$ で $|G(j\omega)| = K/\omega T$，$\angle G(j\omega) = -\pi/2$ となる．これらを [dB] 表示，[deg] 表示に直すと，図 2.21 のボード線図が得られる．

一次遅れ系のボード線図の形とその特徴は，基本事項なのでよく理解しておく必要がある．

- $\omega \ll 1/T$ の周波数では，ゲインはフラットで位相遅れがない
- $\omega = 1/T$ の周波数では，ゲインは 3[dB] 低下し，位相は -45[deg] となる
- $\omega \gg 1/T$ の周波数では，ゲインは -20[dB/dec] で低下し，位相は -90[deg] となる

$\omega = 1/T$ の周波数は折れ点周波数と呼ばれ，ゲインが3[dB]低下，すなわち $1/\sqrt{2}$ になる．一次遅れ系をフィルタと考えた場合，この周波数を超える周波数を持つ信号は減衰することから，遮断周波数またはカットオフ周波数とも呼ばれる．また一次遅れ系の場合，折れ点周波数で位相が45[deg]遅れる．この位相の遅れから，折れ点周波数を見つけてもよい．折れ点周波数より上の周波数では，出力は -20[dB/dec] で低下する．[/dec] は [/decade] の略で，-20 [dB/dec] は周波数が 10 倍となったときゲインが 20[dB] 低下することを意味する．また位相は 90[deg] 遅れる．

周波数応答だけでなく時間応答も見ておく．時間応答には，インパルス応答，ステップ応答，ランプ応答があり，それぞれインパルス入力，ステップ入力，ランプ入力に対する応答である．これらはいずれも，入力が入った直後の初期の過渡応答を示したものである．一次遅れ系では，ステップ応答が重要なので，形を覚えておくようにして欲しい．

インパルス入力は，時間領域では $u(t) = \delta(t)$ のデルタ関数で表される．周波数領域では，

$$U(s) = 1 \tag{2-52}$$

となる．これが式(2-37)の一次遅れ系に入ったときの出力 $Y(s)$ は，

$$Y(s) = \frac{K}{Ts+1} \cdot 1 = \frac{K}{Ts+1} = \frac{K/T}{s+1/T} \tag{2-53}$$

となる．これをラプラス逆変換して，インパルス応答が，

$$y(t) = \mathcal{L}^{-1}\left[\frac{K/T}{s+1/T}\right] = \frac{K}{T}e^{-t/T} \tag{2-54}$$

と求められる．なお，変換はラプラス変換表を見ればよく，定義式から計算す

ることは，試験のときを除いてはまず必要ない．

ステップ入力は，時間領域では $u(t)=1$ で表される．入力が 0 から 1 に変化したことを示す．周波数領域では，

$$U(s)=1/s \tag{2-55}$$

となる．これが一次遅れ系に入ったときの出力 $Y(s)$ は，

$$Y(s)=\frac{K}{Ts+1}\cdot\frac{1}{s}=\frac{K}{T}\cdot\frac{1}{s(s+1/T)}=K\left(\frac{1}{s}-\frac{1}{s+1/T}\right) \tag{2-56}$$

となる．これをラプラス逆変換して，ステップ応答が，

$$y(t)=\mathcal{L}^{-1}\left[K\left(\frac{1}{s}-\frac{1}{s+1/T}\right)\right]=K(1-e^{-t/T}) \tag{2-57}$$

と求められる．なお，式(2-56)で，部分分数への展開を用いている．

ランプ入力は，時間領域では $u(t)=t$ で表される．時間に従って，単調に増加する入力である．周波数領域では，

$$U(s)=1/s^2 \tag{2-58}$$

となる．これが一次遅れ系に入ったときの出力 $Y(s)$ は，

$$Y(s)=\frac{K}{Ts+1}\cdot\frac{1}{s^2}=\frac{K}{T}\cdot\frac{1}{s^2(s+1/T)}=K\left(\frac{1}{s^2}-\frac{T}{s}+\frac{T}{s+1/T}\right) \tag{2-59}$$

となる．これをラプラス逆変換して，ランプ応答が，

$$y(t)=\mathcal{L}^{-1}\left[K\left(\frac{1}{s^2}-\frac{T}{s}+\frac{T}{s+1/T}\right)\right]=K\{t-T(1-e^{-t/T})\} \tag{2-60}$$

と求められる．なお，式(2-59)で，やはり部分分数への展開を用いている．

インパルス応答，ステップ応答，ランプ応答の概形を，**図 2.22** に示す．この中で特に重要なのが，ステップ応答である．一次遅れ系のステップ応答では，応答は最終値に漸近するが，最終値の 63.2[％] に到達する時間が時定数 T と等しくなる．

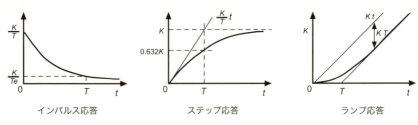

図 2.22　一次遅れ系の代表的な時間応答

2.6.2　二次遅れ系

二次遅れ系（二次遅れ要素）は，伝達関数の形が，

$$G(s) = \frac{K\omega_n^2}{s^2 + 2\zeta\omega_n s + \omega_n^2} \tag{2-61}$$

で表されるシステムである．分母が s の二次式であることから二次（遅れ）系と呼ばれている．ω_n は固有振動数であり，共振周波数あるいは自然周波数と呼ばれることもある．このシステムを最も特徴付ける数値である．また ζ は減衰係数と呼ばれ，振動の減衰の様子を表す．機械要素の場合，外部からの力の入力に対する応答はほとんどがこの形となり，最も重要な伝達関数である．またフィードバック系の特性も，この形になることが多い．

二次遅れ系の例を二つあげる．一つ目は**図 2.23** に示すバネマスダンパ系である．質量がバネとダンパで支えられており，外部から力が加わったときの質量の運動が出力である．質量を m，ダンパの粘性係数を c，バネの係数を k，また外力を f，質量の位置を x として運動方程式を立てると，

$$m\frac{d^2 x}{dt^2} + c\frac{dx}{dt} + kx = f \tag{2-62}$$

となる．この式をラプラス変換すると，

$$ms^2 X + csX + kX = F \tag{2-63}$$

となる．ただしラプラス変換した変数は大文字とした．これを整理して，

2.6 線形システムのモデル化

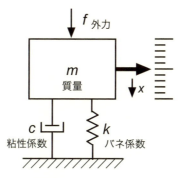

図 2.23 二次遅れ系の例(バネマスダンパ系)

$$G(s) = \frac{X}{F} = \frac{1}{ms^2 + cs + k} \tag{2-64}$$

となる.さらにこの式を変形して置き換えると,

$$G(s) = \frac{1}{ms^2 + cs + k} = \frac{1/m}{s^2 + c/m \cdot s + k/m} = \frac{\omega_n^2/k}{s^2 + 2\zeta\omega_n s + \omega_n^2} \tag{2-65}$$

となる.ただし,

$$\omega_n = \sqrt{k/m} \tag{2-66}$$

$$\zeta = \frac{c}{2\sqrt{mk}} \tag{2-67}$$

と置き換えてあり,前述のように ω_n は固有振動数,ζ は減衰係数である.

二つ目の例は,**図 2.24** に示す RCL 回路である.左の 2 端子間に入力電圧が加えられ,右の 2 端子間の電圧を出力として取り出す.コイル L および抵抗 R に流れる電流 i をとすると,入力電圧 e_{in} と出力電圧 e_{out} を用いて,

$$L\frac{di}{dt} + Ri = e_{in} - e_{out} \tag{2-68}$$

の関係式が成り立つ.また電流 i は静電容量 C のコンデンサに流れ込むため,

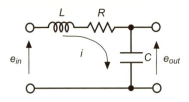

図 2.24 二次遅れ系の例（RCL 回路）

$$i = C\frac{de_{out}}{dt} \tag{2-69}$$

が成り立つ．これらの式を連立させると，

$$LC\frac{d^2 e_{out}}{dt^2} + RC\frac{de_{out}}{dt} e_{out} + e_{out} = e_{in} \tag{2-70}$$

という微分方程式となる．この式をラプラス変換すると，

$$LCs^2 E_{out} + RCs E_{out} + E_{out} = E_{in} \tag{2-71}$$

となる．ただしラプラス変換した変数は大文字とした．これを整理して，

$$G(s) = \frac{E_{out}}{E_{in}} = \frac{1}{LCs^2 + RCs + 1} \tag{2-72}$$

が求められる．さらにこの式を変形して置き換えると，

$$G(s) = \frac{1}{LCs^2 + RCs + 1} = \frac{1/LC}{s^2 + R/L \cdot s + 1/LC} = \frac{\omega_n^2}{s^2 + 2\zeta\omega_n s + \omega_n^2} \tag{2-73}$$

となる．ただし，

$$\omega_n = 1/\sqrt{LC} \tag{2-74}$$

$$\zeta = \frac{R}{2}\sqrt{\frac{C}{L}} \tag{2-75}$$

であり，ω_n は共振回路としての共振周波数，ζ は減衰係数である．

二次遅れ系についても，周波数応答を導いておく．式(2-61)に示した二次遅れ系の伝達関数において，$s = j\omega$ とすると，

$$G(j\omega) = \frac{K}{\{1-(\omega/\omega_n)^2\}+j2\zeta(\omega/\omega_n)} \qquad (2\text{-}76)$$

となる．少しごちゃごちゃしているが，この式から振幅と位相は，

$$|G(j\omega)| = \frac{K}{\sqrt{\{1-(\omega/\omega_n)^2\}^2+\{2\zeta(\omega/\omega_n)\}^2}} \qquad (2\text{-}77)$$

$$\angle G(j\omega) = -\tan^{-1}\frac{2\zeta(\omega/\omega_n)}{1-(\omega/\omega_n)^2} \qquad (2\text{-}78)$$

と求め得ることができる．これが二次遅れ系の周波数応答である．

二次遅れ系の周波数応答をボード線図に示したものが，**図2.25**である．固有振動数 ω_n で正規化した周波数 ω/ω_n でプロットしてある．

一次遅れ系と同様，一次遅れ系のボード線図の形とその特徴も基本事項なのでよく理解しておく必要がある．

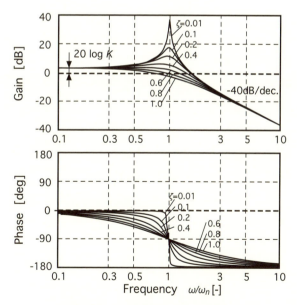

図2.25 二次遅れ系の周波数応答

- $\omega \ll \omega_n$ の周波数では,ゲインはフラットで位相遅れがない
- $\omega = \omega_n$ の周波数では,ゲインは減衰係数ζにより大きく変化し,位相は $-90[\mathrm{deg}]$ となる
- $\omega \gg \omega_n$ の周波数では,ゲインは $-40[\mathrm{dB/dec}]$ で低下し,位相は $-180[\mathrm{deg}]$ となる

　減衰係数ζにより特性が大きく変化することが,二次遅れ系の大きな特徴である.減衰係数$\zeta=0$のとき,ゲインは$\omega=\omega_n$の周波数でピークとなり,式の上ではゲインは∞となる.また位相も,$0[\mathrm{deg}]$ から $-180[\mathrm{deg}]$ に,急激に変化する.減衰係数が大きくなるにつれ,ゲインのピークは下がり,またゲインピークの周波数もω_nより下の方に下がってくる.また,位相の変化も緩やかになってくる.$\zeta=1/\sqrt{2}$ 以上では,ゲインのピークはなくなる.

　二次遅れ系の場合,$\omega=\omega_n$ の固有振動数の周波数で位相が $90[\mathrm{deg}]$ 遅れる.固有振動数より上の周波数では,出力は $-40[\mathrm{dB/dec}]$ で低下,すなわち周波数が10倍でゲインが $40[\mathrm{dB}]$ 低下することになる.また位相は $180[\mathrm{deg}]$ 遅れる.

　二次遅れ系についても,周波数応答だけでなく時間応答をみておく.二次遅れ系では,インパルス応答,ステップ応答が重要である.特に減衰係数ζによるステップ応答の変化は,よく理解しておく必要がある.

　インパルス入力が式(2-58)の二次遅れ系に入ったときの出力 $Y(s)$ は,

$$Y(s) = \frac{K\omega_n^2}{s^2+2\zeta\omega_n s+\omega_n^2} \cdot 1 = \frac{K\omega_n^2}{s^2+2\zeta\omega_n s+\omega_n^2} \tag{2-79}$$

となる.さらにこれをラプラス変換表が使えるように変形すると,

$$Y(s) = \frac{K\omega_n^2}{s^2+2\zeta\omega_n s+\omega_n^2} = \frac{\omega_n\sqrt{1-\zeta^2}}{(s+\zeta\omega_n)^2+\omega_n^2(1-\zeta^2)} \cdot \frac{K\omega_n}{\sqrt{1-\zeta^2}} \tag{2-80}$$

となる.これをラプラス逆変換して,インパルス応答が,

$$y(t) = \frac{K\omega_n}{\sqrt{1-\zeta^2}} e^{-\zeta\omega_n t} \sin\left(\omega_n\sqrt{1-\zeta^2} \cdot t\right) \quad \text{ただし } \zeta<1 \qquad (2\text{-}81)$$

と求められる.

ステップ入力が入ったときも,同様の手順で求められる.出力 $Y(s)$ は,

$$Y(s) = \frac{K\omega_n^2}{s^2 + 2\zeta\omega_n s + \omega_n^2} \cdot \frac{1}{s} \qquad (2\text{-}82)$$

となる.これをラプラス逆変換しやすいように変形していく.

$$Y(s) = \frac{K\omega_n^2}{s^2 + 2\zeta\omega_n s + \omega_n^2} \cdot \frac{1}{s} = K\left(\frac{-s-2\zeta\omega_n}{s^2 + 2\zeta\omega_n s + \omega_n^2} + \frac{1}{s}\right) \qquad (2\text{-}83)$$

さらに式(2-83)の第1項を部分分数に展開していくのであるが,ここでは $\zeta<1$ の場合についての,ラプラス逆変換した答えのみを示す.

$$y(t) = K\left\{1 - \frac{e^{-\zeta\omega_n t}}{\sqrt{1-\zeta^2}}\cos\left(\omega_n\sqrt{1-\zeta^2}\cdot t + \phi\right)\right\} \quad \text{ただし } \zeta<1 \qquad (2\text{-}84)$$

$$\phi = -\tan^{-1}(\zeta/\sqrt{1-\zeta^2}) \qquad (2\text{-}85)$$

インパルス応答の概形を,図 **2.26** に示す.振動が,次第に減少する形となる.減衰係数 ζ が大きくなるにつれ,振幅は小さく,また減衰も速くなる.$\zeta \geq 1$ では,振動せずに減衰するようになる.ちなみに $\zeta=1$ のときを臨界減衰,$\zeta>1$ のときを過減衰という.

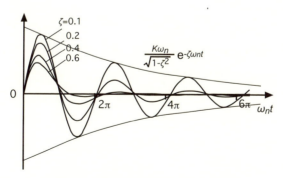

図 **2.26** 二次遅れ系のインパルス応答

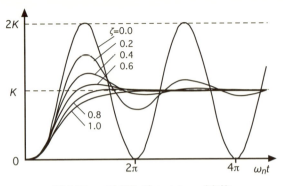

図 2.27　二次遅れ系のステップ応答

インパルス応答は，機械構造体をハンマーで叩いたときの応答として実感することができる．ビーンという振動が，次第に収まっていく．減衰が悪いと，いつまでも振動し続ける．

ステップ応答の概形を，図 2.27 に示す．振動が，次第に減少する形となる．減衰係数 ζ が大きくなるにつれオーバーシュートが小さくなり，$\zeta \geq 1$ ではオーバーシュートせずに漸近するようになる．また $\zeta = 1/\sqrt{2} = 0.707$ とすると，目標値に最も速く近づくことができる．

実際に二次遅れ系の過渡応答を自分で計算することはほとんどないが，ステップ応答の形は大変重要である．減衰係数 ζ の具体的な値は，

- 機械部品(金属)　　：0.01 以下
- 機械構造体　　　　：0.01〜0.05
- 特に制振した機械：0.05〜0.5
- 制御系　　　　　　：0.3〜0.8

がおおよその目安である．フィードバック制御系の設計では，目標値に素早く追従するために，減衰係数を $\zeta = 0.5 \sim 0.8$ 程度にすることが普通である．

2.6.3　慣性系からバネマス系へ

力を入力，位置を出力として機械的な機構をモデル化すると，その基本的な

2.6 線形システムのモデル化

形は二次系になる．機構の振る舞いは運動方程式に従い，加速度は力に比例し，また位置の2回微分が加速度であるから，二次系になるのは当然ではある．ここでは運動をするための基本的な機構，すなわち慣性系，バネマス系，バネマスダンパ系について，運動との関係がわかりやすいようにしながら，伝達関数とそのブロック線図による表記を求めておく．

図 2.28 は，慣性系のシステムである．質量に対して，入力が外力，出力が位置である．直線運動で示してあるが，回転運動の場合は，質量をイナーシャ，外力をトルク，位置を回転角とすればよい．

運動方程式，ラプラス変換した運動方程式，伝達関数は，以下の通りとなる．

$$m\frac{d^2x}{dt^2} = f \tag{2-86}$$

$$ms^2X = F \tag{2-87}$$

$$G(s) = \frac{X}{F} = \frac{1}{ms^2} \tag{2-88}$$

ここで見通しを立てやすいように，加速度を左辺にして等式を立ててみる．位置の二回微分 s^2X が加速度であるから，式(2-87)より，

$$s^2X = F/m \tag{2-89}$$

となる．この式からブロック線図書くと，**図 2.29** になる．信号が，力，加速度，速度，位置，となっていることがわかる．

図 2.30 は，バネマス系のシステムである．運動方程式，ラプラス変換した運動方程式，伝達関数は，以下の通りとなる．

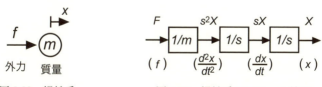

図 2.28 慣性系　　　　図 2.29 慣性系のブロック線図

$$m\frac{d^2x}{dt^2}+kx=f \qquad (2\text{-}90)$$

$$ms^2X+kX=F \qquad (2\text{-}91)$$

$$G(s)=\frac{X}{F}=\frac{1}{ms^2+k} \qquad (2\text{-}92)$$

加速度を左辺にして等式を立てると，式(2-91)より，

$$s^2X=(F-kX)/m \qquad (2\text{-}93)$$

となる．式の通り，$F-kX$ を作り，m で割れば加速度 s^2X になるので，ブロック線図は，図 2.31 になる．

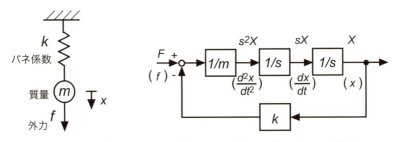

図 2.30　バネマス系　　　図 2.31　バネマス系のブロック線図

図 2.32 は，バネマスダンパ系のシステムである．運動方程式，ラプラス変換した運動方程式，伝達関数は，以下の通りとなる．

$$m\frac{d^2x}{dt^2}+c\frac{dx}{dt}+kx=f \qquad (2\text{-}94)$$

$$ms^2X+csX+kX=F \qquad (2\text{-}95)$$

$$G(s)=\frac{X}{F}=\frac{1}{ms^2+cs+k} \qquad (2\text{-}96)$$

加速度を左辺にして等式を立てると，式(2-95)より，

$$s^2X=(F-kX-csX)/m \qquad (2\text{-}97)$$

となる．今度は，$F-kX-csX$ を作り，m で割れば加速度 s^2X になるのであるから，ブロック線図は，図 2.33 になる．

2.6 線形システムのモデル化

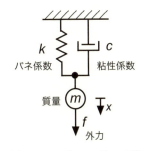

図 2.32　バネマスダンパ系

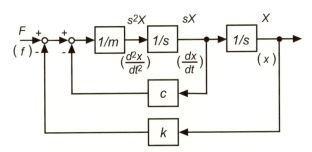

図 2.33　バネマスダンパ系のブロック線図

図 2.33 が，バネマスダンパ系の，物理的イメージに即したブロック線図である．外力からバネの反力とダンパの反力を引いた残りの力が実効的な力となって，質量に加速度を生じさせている．バネマスダンパ系のモデルとして，式 (2-96) の伝達関数を一つのブロックで書くこともあるが，図 2.33 のように書いた方が，質量，バネ係数や粘性係数と，位置，速度，加速度の物理的な関係をとらえやすい．

バネマスダンパ系は，式 (2-61) の標準形で表されることが多い．そこで図 2.33 から標準形への変換を行う．**図 2.34** は，速度信号のフィードバック位置を変更したものである．$1/m$ のブロックの後ろに移動するため，速度 c/m にをかけて戻している．

図 2.35 は，バネ係数 k がフィードバックの位置にあったのを，変更したも

45

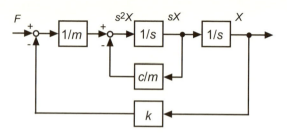

図 2.34　バネマスダンパ系のブロック線図の変形

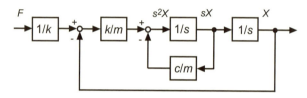

図 2.35　バネマスダンパ系の標準形での表記

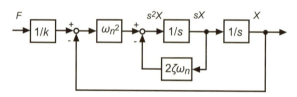

図 2.36　バネマスダンパ系の標準形での表記

のである．外力を $1/k$ しておき，位置の信号との差分をとった後 k/m 倍しており，元と等価である．

図 2.35 は，実は標準形である．これを固有振動数 ω_n，減衰係数 ζ を使って書き換えると，**図 2.36** が得られる．この形はバネマスダンパ系のブロック線図として，よく出てくるものである．

第3章 計測と信号
～測るということ～

　工学における計測とは，ある対象の持つ性質や特徴を，我々が再利用できる情報として表現する行為である．それにはまず，センサや計測器を用いてこれらの性質や特徴を電気信号として検出し，さまざまな処理をして，意味のある情報として再構成する必要がある．

　本章では，計測の流れ，センサの特性，データや信号の扱い方など，計測の基本となる事項を述べる．

3.1 計測の流れ

　「測定」と「計測」はほぼ同義語と考えてもよいが，測定が単に性質や特徴を数値化する行為そのものを指すのに対し，計測は数値化の目的や評価までも含めた少し広い概念を指すように思われる．本書でも通常は計測という言葉を用いるが，行為そのものをさす場合には測定という言葉も用いる．

　工学の分野で計測は，非常に重要である．対象の性質を明らかにすることで，その性質を制御することにつながる．さらに対象の性質を数値化することで，普遍性が生まれ互換性が確保できるようになる．

3.1.1 直接測定と間接測定

　測定には，直接測定と間接測定がある．直接測定とは，測定すべき量を，それと同じ基準量で直接比較して測定値を求める方法である．スケールで長さを測る，計量カップで液体の量を量る，などがある．それに対して間接測定とは，

測定すべき量と一定の関係にある他のいくつかの量を測定し，その結果から一定の関係に基づいて測定値を求める方法である．距離と時間から速度を求める，体積と重さから密度を求める，電圧と電流から抵抗を求める，などがある．

間接測定においては，有効数字に留意する必要がある．有効数字とは，測定値を信頼できる桁で切った数字である．加減算では最後の桁の位取りが最も高いものに桁をそろえ，乗除算では有効数字の桁数が最も少ないものに桁数をそろえる．

3.1.2 各種測定方式

測定方式を分類すると，大きく偏位法，零位法に分けることができる．

1) 偏位法（deflection method）

測定量の大きさに応じて測定器から出る指示から，測定量を知る方式である．バネばかりで重さを量る，電圧計や電流計で電圧や電流を測る，などがこれにあたる．長期の使用で測定器の特性が変わり，測定精度が低下することがある．また計測器を使うことで，計測対象に影響を与えることがある．例えば回路に電圧計をあてると，電圧計のインピーダンスが接続されたことになり，回路の動作が変化する．あらかじめ，計測の与える影響を見積もっておくことが必要である．

2) 零位法（zero method, null method）

測定量とは独立に大きさの調整できる基準量を用意して，これを測定量とバランスさせたときの基準量の大きさから測定量を知る方式である．前述のバネばかりに対して，天秤ばかりをイメージするとわかりやすい．計測器を使っても，計測対象に影響を与えることが少ない．例えば回路の電圧を測る場合，外部から測定部位に電圧を加え，計測器に流れ込む電流がゼロとなるようにして電圧を測る．高精度が要求される測定は，ほとんどが零位法である．

測定方式の大きな分類は偏位法と零位法の2つであるが，細かく分けると以下の方式もある．

3) 補償法（compensation method）

測定量からそれにほぼ等しい基準量を引き去って，その差を測って測定量を知る方式である．零位法でバランスの調整が完全にはできないとき，その残差の微小量を偏位法で測るものである．例えば，天秤ばかりで分銅でおおよそのバランスをとり，残差を目盛りで読むのがこれに相当する．

4) 置換法（substitution method）

測定器に対する基準量と測定量の作用のさせ方を互いに置換した2回の測定結果から，測定量を知る方式である．測定器の定誤差成分の低減に有効である．例えば，天秤ばかりで測定物とおもりを入れ替えて2回測定を行えば，腕の長さの差による誤差を低減することができる．

5) 差動法（differential method）

一定の関係にある同種類の2つの量の差から測定量を知る方式である．2つの測定器を同じ入力変化に対して出力変化が逆になるように組み合わせ，その差から測定量を知る．センサに起因する誤差や環境の影響の排除，非直線性の改善，感度の向上などに有効である．

6) 計数法（counting method）

測定量をある時間内のカウント数に変換して数え，測定する方式である．例えば回折X線の強度を，X線の光子が検出器に当たったときに発生する電気パルスをカウントし測定する，などはこれにあたる．

3.1.3 計測系と制御系

機械工学における計測には，単に対象の状態を計測する場合と，計測した結果を元にアクチュエータを制御する場合がある．前者を計測系，後者を制御系と呼ぶ．

図3.1に，計測系の例を示す．センサ（Sensor）は，測定対象の状態を表す物理量を検出し，その量に対応する電気信号に変換する素子である．センサの出力は，電気信号であると考えてよい．アナログ信号処理は，フィルタリング，演算処理，線形化など，センサの出力の信号を，情報取り出しやすいように修

第3章 計測と信号〜測るということ〜

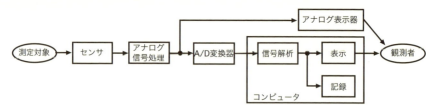

図 3.1　計測計の例

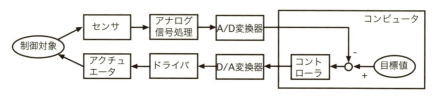

図 3.2　制御系の例

正する回路である．アナログ表示器は，例えばテスター，オシロスコープ，ペンレコーダなどであり，信号を観測者に提示する機器である．近年では，アナログ表示器ではなく，コンピュータに信号を取り込むことが多い．A/D 変換器（A/D Converter）は，アナログ信号をデジタル信号に変換する素子である．デジタル信号はコンピュータに取り込まれ，例えば周波数解析（FFT 解析）などの信号解析を経て，観測者に提示されたり，記録されたりする．

　図 3.2 に，制御系の例を示す．制御系では，制御対象（機械）の状態をセンサで計測し，その情報を元にアクチュエータ駆動し，対象を望ましい状態に制御する必要がある．センサの情報をコンピュータに取り込むところまでは計測系と同じであるが，コンピュータの内部で目標値との偏差を計算し，コントローラで制御データを生成する．制御データは D/A 変換器（D/A Converter）でアナログ信号に変換され，ドライバを通してアクチュエータを駆動する．ドライバは，アクチュエータを駆動するのに十分なエネルギーを供給する素子である．

3.2 センサの特性

3.2.1 センサの静特性

センサの特性には,静的な特性(入力が一定または変動がゆっくりである場合の性能)と,動的な特性(入力が変動する場合の性能)がある.ここでは前者の静的な特性について述べる.

(1) センサの基本特性

センサの静的なモデルをブロック線図で書くと,**図3.3**のように表すことができる.

センサへの入力とセンサからの出力は,センサの感度(sensitivity)で関係付けられ,感度をKとすると,

$$y = Kx \tag{3-1}$$

の関係がある.感度は,入力信号の変化に対する出力信号の変化の比率であり,通常は静的な特性として定義されている.

式(3-1)をグラフにすると,**図3.4**のようになる.ここで,センサの測定範

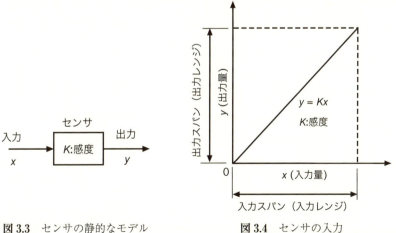

図3.3 センサの静的なモデル　　　　図3.4 センサの入力

囲（measurement range）の定義をしておく．入力レンジ，出力レンジは，入力あるいは出力の最小値と最大値を範囲で示したものである．例えば力センサの例では，入力レンジ0〜1000[N]，出力レンジ0〜10[V]という表現がされる．また入力スパン，出力スパンは，入力あるいは出力の最大値と最小値の差を示したものである．スパンで表すと，入力スパン1000[N]，出力スパン10[V]ということになる．センサによっては，出力レンジが−5〜5[V]ということもあるが，この場合の出力スパンは10[V]ということになる．

センサ特性は，式(3-1)あるいは図3.4のようにきれいな形が理想ではあるが，実際にはさまざまな好ましくない特性が付随する．それらについて以下に述べる．

誤差（error）とは，ある入力に対して，センサが出力すべき値と実際の出力との差の最大値のことである．**図3.5**に，誤差の様子を示す．入力x_iに対して，センサの出力の$\pm e$の範囲内に，センサの出すべき真の値がある，ということになる．

分解能（resolution）とは，異なる入力として識別できる能力のことで，入力が変化しても出力が変化しない入力範囲で定義される．**図3.6**に，分解能の定義を示す．逆の言い方をすれば，分解能以上の入力の変化があれば，出力の変化として検出できる，ということである．

センサに誤差を生じさせる要因を**図3.7**に示す．

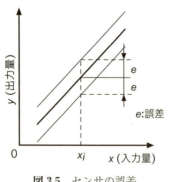

図3.5　センサの誤差

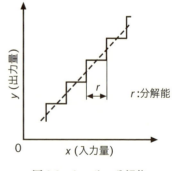

図3.6　センサの分解能

3.2 センサの特性

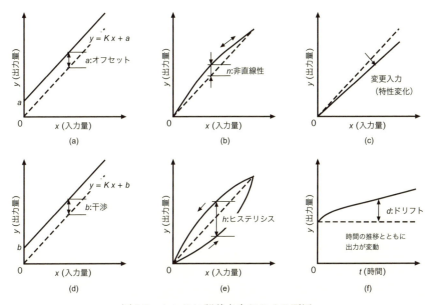

図 3.7 センサに誤差を生じさせる要因

(a) はオフセット（off-set）である．入力がゼロのとき出力がゼロとならず，ずれ量であるオフセット a が生じる現象である．ただ，オフセットが変動せず一定である場合は，ほとんど問題にならない．

(b) は非直線性（nonlinearity）である．入出力の関係を直線と仮定したとき，生じる誤差の最大値として定義される．

(c) は変更入力である．感度 K が変わってしまうもので，特性変動とも呼ばれる．センサの経年変化や，ホコリやゴミなどの影響で，感度が変わってしまうことはよく起こる．

(d) は干渉入力（interference）である．これは検出する目的以外の入力により，オフセットが生じる現象である．例えばセンサの温度変化でオフセット引き起こされることがよくある．

(e) はヒステリシス（hysteresis）であり，日本語では履歴効果と呼ばれる．センサの出力が，現在加えられている入力だけでなく，過去に加わった入力に依存して変化することである．具体的には，図に示すように，入力が増加する

ときと減少するときで，出力の経路が異なる現象となる．機械的な摩擦がある系ではよく生じる．

(f) はドリフトである．この図だけ横軸が時間であることに注意して欲しい．入力が変化しなくても，時間とともに出力が変動して行く現象である．時間とともに温度が変化してセンサ出力にドリフトが生じるということは，しばしば遭遇する現象である．

3.2.2 測定の誤差の扱い

(1) 測定の誤差

前節ではセンサに起因する誤差について述べたが，ここではもう少し広く，測定という行為全体での誤差を考える．

誤差とは，測定値と真値との差である．ただし真値は誰にもわからないので，測定値から誤差範囲内に真値がある，としか言うことができない．

誤差は，系統誤差，過失誤差，偶然誤差に大別することができる．系統誤差（systematic error）は，計測器の目盛り誤差，零点調整の狂い，機構部分の誤差，環境温度や湿度の影響，測定者の癖などが要因で生じる．過失誤差（faulty error）は，測定者の不注意や過失により生じる誤差である．偶然誤差（accidental error）は，原因がはっきりしなかったり制御できなかったりする誤差で，わずかな測定条件や環境条件などの変動によって偶発的に生じるものある．

系統誤差や過失誤差は，真値に対してずれて測定されるような誤差であり，測定の繰り返しに対して一定の誤差が生じる．これらの誤差は，その原因と傾向が分れば測定値から取り除くことができる．それに対して偶然誤差は，取り除くことはできない．

偶然誤差は，正規分布（ガウス分布）に従うことが知られている．また正規分布は，平均 μ と標準偏差 σ（あるいは分散）で記述することができる．

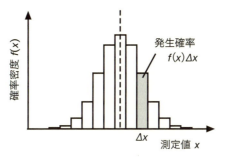

図 3.8　測定値の発生頻度のヒストグラム

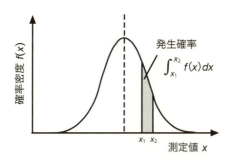

図 3.9　測定値の発生頻度の連続的分析

(2)　標準偏差 σ による誤差の表現

図 3.8 は，測定値の発生頻度を幅 Δx 毎に区切って表示したヒストグラムであり，離散的確率分布という．縦軸は発生確率密度を表し，その分布は $f(x)$ で表されるとする．また一つのヒストグラムの発生確率は，

$$f(x)\Delta x \tag{3-2}$$

となり，全ヒストグラム分の総和が 1 となる．

図 3.9 は，測定値の発生頻度を連続的な測定値に対して表示したものであり，連続的確率分布という．図 3.9 は縦軸は発生確率密度を表し，その分布は $f(x)$ で表されるとする．測定値が x_1 から x_2 の間に入る確率は，

$$\int_{x_1}^{x_2} f(x)dx \tag{3-3}$$

となり，測定値の全範囲における積分値が 1 となる．

確率密度分布 $f(x)$ が正規分布の場合，次のように表すことができる．

$$f(x) = \frac{1}{\sqrt{2\pi} \cdot \sigma} \exp\left\{-\frac{(x-\mu)^2}{2\sigma^2}\right\} \tag{3-4}$$

$$\mu = \int_{-\infty}^{\infty} x \cdot f(x) dx \tag{3-5}$$

$$\sigma^2 = \int_{-\infty}^{\infty} (x-\mu)^2 f(x) dx \tag{3-6}$$

ただし μ は平均，σ^2 は分散であり，分散の平方根 σ が標準偏差となる．

今，測定値が（平均値 ± 標準偏差）の範囲（$\mu \pm \sigma$）に入る確率を考えてみる．

$$P(\mu-\sigma < x < \mu+\sigma) = \int_{\mu-\sigma}^{\mu+\sigma} \frac{1}{\sqrt{2\pi} \cdot \sigma} \exp\left\{-\frac{(x-\mu)^2}{2\sigma^2}\right\} dx$$

$$= \int_{-1}^{1} \frac{1}{\sqrt{2\pi}} \exp\left\{-\frac{u^2}{2}\right\} du \tag{3-7}$$

この積分は，0.683 となることが知られている．すなわち，測定値の 68.3% は，平均値±標準偏差の範囲に入ることになる．同様に計算すると，平均値から 2 倍の標準偏差の範囲には 95.4%，3 倍の標準偏差の範囲には 99.7% が入ることが知られている．このことを図に表すと，**図 3.10** のようになる．また，標準偏差の違いによる分布の様子は，**図 3.11** のようになる．

測定値のバラツキ具合は，標準偏差 σ によって表される．σ が大きいほどばらつきは大きい．またバラツキ具合を表す表現として，「3σ（さんシグマ）」という言い方がよく用いられる．これはほとんどの（正確には 99.7% の）バラツキがこの範囲に入っている，ということである．「この 100mm の部材の加工精度は，さんシグマで 0.5mm だよ」と言われたら，100±0.5mm の加工精度の範囲に 99.7% が入っているということである．

測定値を用いてグラフを書く場合，平均値 μ と標準偏差 σ を用いて書くことが多い．その例を**図 3.12** に示す．横軸の各点で数回計測を行い，平均値と標準偏差をプロットする．そうすると，各測定値の確かさが，見ただけでわかるようになる．

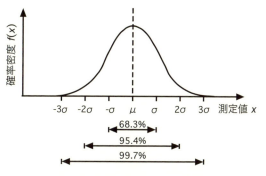

図 3.10　標準偏差 σ と発生確率

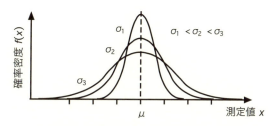

図 3.11　標準偏差 σ の値と分布形状

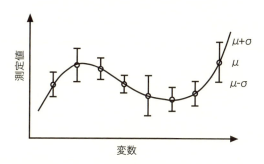

図 3.12　平均値 μ と標準偏差 σ を用いたグラフの例

3.2.3　最小二乗法

測定誤差を含むデータから，確度の高いパラメータを推定する方法として，最小二乗法（Least-Squares Method）がある．

最も簡単な例として，n 組の計測値 (x, y) の分布を，直線で近似することを

考える．近似する直線を，

$$ax+by=1 \tag{3-8}$$

とすると，例えばある計測値 (x_1, y_1) に関しては，

$$ax_1+by_1=1+e_1 \tag{3-9}$$

の関係が成り立つ．e_1 は直線からのずれ，誤差である（**図 3.13**）．

n 組の計測値に対して，誤差の二乗の和を考える．

$$\begin{aligned}e^2 &= e_1^2+e_2^2+\cdots+e_n^2 \\ &= (ax_1+by_1-1)^2+(ax_2+by_2-1)^2+\cdots+(ax_n+by_n-1)^2\end{aligned} \tag{3-10}$$

この二乗誤差 e^2 を最小とする a, b を求め，直線を決定すればよい．

二乗誤差 e^2 を a に関して偏微分する．

$$\frac{\partial e^2}{\partial a}=0 \tag{3-11}$$

より，

$$2(ax_1+by_1-1)x_1+2(ax_2+by_2-1)x_2+\cdots+2(ax_n+by_n-1)x_n=0 \tag{3-12}$$

これを整理して，

$$a(x_1^2+x_2^2+\cdots+x_n^2)+b(x_1y_1+x_2y_2+\cdots+x_ny_n)=x_1+x_2+\cdots+x_n \tag{3-13}$$

Σ 記号を用いて書き直すと，

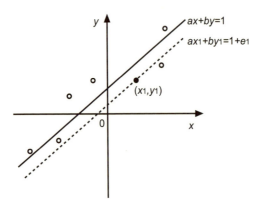

図 3.13 最小二乗法による直線近似

$$a\sum_{i=1}^{n} x_i^2 + b\sum_{i=1}^{n} x_i y_i = \sum_{i=1}^{n} x_i \tag{3-14}$$

となる．

同様に，二乗誤差 e^2 を b に関して偏微分する．

$$\frac{\partial e^2}{\partial b} = 0 \tag{3-15}$$

より，

$$2(ax_1+by_1-1)y_1 + 2(ax_2+by_2-1)y_2 + \cdots + 2(ax_n+by_n-1)y_n = 0 \tag{3-16}$$

$$a(x_1y_1+x_2y_2+\cdots+x_ny_n) + b(y_1^2+y_2^2+\cdots+y_n^2) = y_1+y_2+\cdots+y_n \tag{3-17}$$

$$a\sum_{i=1}^{n} x_i y_i + b\sum_{i=1}^{n} y_i^2 = \sum_{i=1}^{n} y_i \tag{3-18}$$

となる．

式(3-14)，(3-18)を連立させると，

$$\begin{pmatrix} \sum_{i=1}^{n} x_i^2 & \sum_{i=1}^{n} x_i y_i \\ \sum_{i=1}^{n} x_i y_i & \sum_{i=1}^{n} y_i^2 \end{pmatrix} \begin{pmatrix} a \\ b \end{pmatrix} = \begin{pmatrix} \sum_{i=1}^{n} x_i \\ \sum_{i=1}^{n} y_i \end{pmatrix} \tag{3-19}$$

となり，結局，次のように，a, b を決定することができる．

$$\begin{pmatrix} a \\ b \end{pmatrix} = \begin{pmatrix} \sum_{i=1}^{n} x_i^2 & \sum_{i=1}^{n} x_i y_i \\ \sum_{i=1}^{n} x_i y_i & \sum_{i=1}^{n} y_i^2 \end{pmatrix}^{-1} \begin{pmatrix} \sum_{i=1}^{n} x_i \\ \sum_{i=1}^{n} y_i \end{pmatrix} \tag{3-20}$$

以上は，$ax+by=1$ という1次式について最小二乗法を適用した例であるが，どのような形の式でも，また決定すべきパラメータの数が3個以上になっても，最小二乗法を適用することができる．

3.2.4　計測の流れ

計測とは，測定手段（例えばセンサ）を用いて物理量を測定し，その測定値から物理量を表す情報を取り出すことである．計測は図3.14に示すように，物理量の空間から検出信号の空間への写像と，検出信号の空間から物理量を表

第 3 章 計測と信号〜測るということ〜

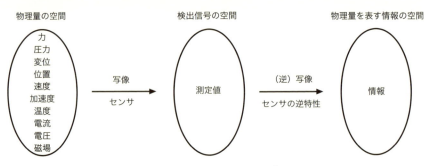

図 3.14 計測における写像

す情報の空間への写像の，2 段階の写像となる．

2 段目の写像は，往々にして意識されないことが多い．しかし測定値は，物理量にセンサの特性がのった写像の結果であり，そこから物理量を表す情報を取り出すためには，センサの逆特性をかけて戻す必要がある．このことは，後述の多軸力センサの例で，実例として出てくる．

3.2.5 センサの動特性

先にセンサの静特性を見たが，ここでは動的な特性について述べる．

センサの動的なモデルを，図 3.15 とする．静的なモデルではセンサの特性は感度で表されたが，動的なモデルでは周波数特性を持つ．

多くのセンサでは，ある周波数を超えるとゲイン（出力）が低下する．この周波数を，センサのカットオフ周波数と呼ぶ．センサが検出できる周波数の範囲をセンサの計測帯域と呼び，通常その範囲では，センサはフラットな出力特性を持つ．この特性の様子を，図 3.16 に示す．もちろん，実際にはこれとは異なる特性を持つセンサもあるし，特に直流（DC）の信号成分は検出できないセンサも多い．

図 3.17 は，図 3.16 の特性のセンサでの異なる周波数における入出力の様子を，時間波形とスペクトルで示したものである．カットオフ周波数 ω_c までは一定の増幅率で出力が得られるが，それ以上の周波数では出力振幅が低下していく．

3.2 センサの特性

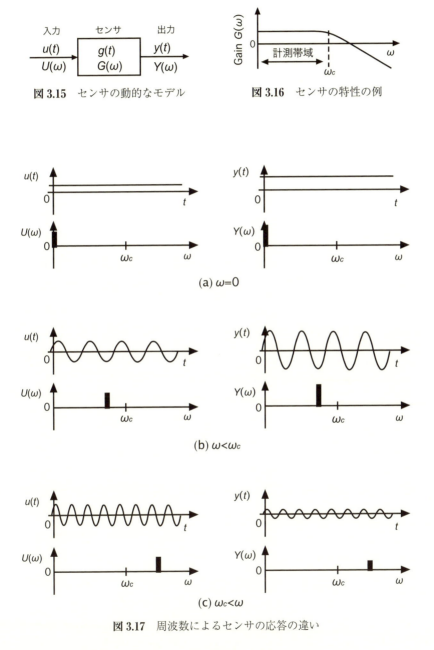

図 3.15 センサの動的なモデル

図 3.16 センサの特性の例

(a) $\omega=0$

(b) $\omega<\omega_c$

(c) $\omega_c<\omega$

図 3.17 周波数によるセンサの応答の違い

3.3 信号と雑音

　計測は雑音とのたたかいである．通常の計測では，電源ラインの誘導による50[Hz]あるいは60[Hz]の雑音，蛍光灯の雑音，電源のスイッチングノイズや他の電子機器の出す雑音など，計測系の外部から飛び込む雑音が問題となる．これらの雑音は，原理的には抑えることができる．極限の計測では，サーマルノイズ，ショットノイズなど，計測系そのものに起因する雑音を抑えることが重要となる．雑音をいかに小さくできるかが，技術者の腕の見せ所である．

3.3.1　雑　音

　通常，信号には雑音が重畳している．雑音はノイズとも呼ばれ，目的とする信号成分以外の，不要な信号成分のことである．信号の品質は，信号成分と雑音成分の電力比で表され，これは S/N（Signal to Noise Ratio，SN 比，信号対雑音比）と呼ばれている．S/N が大きいほど，品質の良い信号である．S/N は [dB] で表示されることが多い．感覚的な表現であるが，S/N が 10[dB] あると，ぱっと見て信号と雑音の区別ができる．S/N が 10[dB] ということは，信号と雑音の電力が 10 倍違うことであるが，電圧で見ても約 3 倍の違いがあることを意味している．

（1）雑音の種類

　雑音には，外から飛び込んでくる外来雑音と，計測系が持っている内在雑音に大別される．

　外来雑音は，雷や静電気の放電等からの自然雑音と，モータや電源などの電気電子回路からの人工雑音がある．通常の計測でよく悩まされるのは，電源ラインの誘導による50[Hz]あるいは60[Hz]の雑音，蛍光灯の雑音，電源のスイッチングノイズ，高周波を出す電子機器からの飛び込み，である．

　通常の計測では，まずこの外来雑音を減らすことが第一である．そのために

は，信号ラインをシールドする，信号を差動で送る，回路のインピーダンスを下げる，基板のアースパタンを工夫する，1点アースにする，アイソレータで信号ラインを分離する，光で信号を送るなどの，さまざまな手法がとられる．

内在雑音は，センサ内部や増幅器で発生する雑音で，抵抗で発生する熱雑音，半導体デバイスで発生するショット雑音，1/f特性（スペクトルが，周波数に反比例して小さくなる特性）を持つフリッカ雑音などがある．外来雑音を減らすとともに，この内在雑音もできるだけ小さくする必要がある．内在雑音を減らすには回路構成を工夫する必要がある．

(2) 熱雑音

熱雑音は，抵抗内での電子の運動の熱擾乱（ブラウン運動）により発生する雑音である．

抵抗で発生する熱雑音の電圧は，次の式で表すことができる．

$$Vn = \sqrt{4kTRB} \quad [V] \tag{3-21}$$

ただし，

k：ボルツマン定数 $(1.38 \times 10^{-23}[J/K])$

T：絶対温度 $([K])$，

R：抵抗 $([\Omega])$，

B：帯域幅 $([Hz])$

である．

この式の意味は，熱雑音電圧は，絶対温度，抵抗値，帯域幅の平方根に比例するということである．電力は電圧の二乗で表されるので，熱雑音電力は絶対温度，抵抗値，帯域幅に比例することになる．

熱雑音の周波数スペクトルは均一であり，ほぼホワイトノイズと考えてよい．例えば，ある温度のある抵抗で，帯域を100〜200[Hz]としたときと1000〜1100[Hz]としたときの熱雑音電圧は等しくなる．

ちなみに，式(3-21)で単位は[V]と表記したが，厳密には実効値（root mean square value, RMS）である．通常，高周波含む交流電圧は実効値で表

される．しかしオシロスコープなどで波形を観察するときには，振幅の最大と最小の差（peak to peak）を見る方が簡単である．これらの電圧を区別するときには，実効値を［Vrms］，最大と最小の差を［Vp-p］と書く．［Vp-p］の電圧値は［Vrms］の電圧値の$2\sqrt{2}$倍となる．日本の商用電源100[V]というのは正確には100[Vrms]であり，283[Vp-p]となる．

(3) 雑音密度と雑音電圧

人工雑音は特定のスペクトルを持つが，通常の自然雑音や内在雑音は幅広いスペクトルを持つことが多い．このような幅広いスペクトルの雑音の大きさは，雑音密度（Noise Density）で表わされ，帯域幅の平方根あたりの雑音として定義されている．単位は例えば$[V/\sqrt{Hz}]$である．

抵抗から発生する熱雑音の雑音密度を考えてみる．(3-21)より，

$$Vnd = Vn/\sqrt{B} = \sqrt{4kTR} \qquad (3\text{-}22)$$

ここで，温度を300[K]，抵抗を例えば1[kΩ]として計算してみると，

$$Vnd = 4.07 \times 10^{-9} [V/\sqrt{Hz}] = 4.07 [nV/\sqrt{Hz}] \qquad (3\text{-}23)$$

となる．この値は暗記しておくと便利である．後述するが，性能の良いセンサやアンプの雑音レベルは，だいたいこのオーダーになる．

雑音の電圧は，雑音密度に帯域幅のルートをかけて求めることができる．別の言い方をすれば，帯域が狭いと雑音は小さく，帯域を広くすると雑音は大きくなる．

先の抵抗の熱雑音を例にとる．例えば1[kΩ]の抵抗で，温度300[K]，帯域幅を1[kHz]としたときの雑音電圧は，(3-23)に帯域幅のルートをかけてやればよく，

$$Vn = 4.07 \times \sqrt{1000} = 129 \ [nV] \qquad (3\text{-}24)$$

となる．またこのとき信号の強度が同じ129[nV]であるとすると，S/Nは0[dB]ということになる．

帯域を狭くすれば，雑音を小さくすることができる．しかし帯域を狭くしすぎると，検出したい信号も通過できなくなってしまう．検出したい信号が持つ

3.3 信号と雑音

周波数成分と同程度の帯域幅にしておくのがよい．

通常，雑音の信号レベルは非常に小さいので，雑音を計測する場合は計装アンプなどのプリアンプで増幅した後に，測定を行う．しかしアンプのゲインが異なると比較ができなくなるので，雑音をすべて入力でのレベルに換算して扱う．これを入力換算雑音と呼ぶ．具体的には，計測した雑音レベルをアンプのゲインで割ることになる．周波数毎にアンプのゲインが異なることもあるので，換算には注意が必要である．

入力換算雑音については，雑音レベルの評価のところで詳述する．また，アンプを通した後に計測された雑音には，入力された雑音が増幅されたものに，アンプ自体で発生した雑音も重畳されている．これについては，雑音指数の節で詳述する．

(4) 雑音の観測

熱雑音のようなランダム波形の振幅の分布は，正規分布（ガウス分布）に従う．振幅の σ（シグマ，標準偏差）は実効値 rms に相当する．また，よく「さんシグマ」と呼ばれるが，振幅値が3倍の σ を超える確率は 0.3% である．オシロスコープで雑音波形を観測する場合，この 3σ あたりまでが見えてしまう．

例えば先に例をあげた 1[kΩ] の抵抗が温度 300[K] で発生する熱雑音を，帯域 DC～100[kHz]，ゲイン 80[dB] のアンプで増幅して観察することを考える．アンプの出力電圧の実効値は，

$$Vn = 4.07 \times \sqrt{100,000} \times 10,000 = 12,900,000[\text{nV}] = 12.9[\text{mV}] \quad (3\text{-}25)$$

となる．この電圧が上述の σ に相当する．これをオシロスコープで観察すると，3σ で ×3，peak-to-peak で ×2 と考えると，およそ 80[mVp-p] の波形として観察される．実際には他の雑音も重畳されるので，観察される波形はもう少し大きくなる．

雑音の要因は複数考えられる．個々の雑音要因の寄与する雑音レベルがわかった場合，トータルの雑音は，個々の雑音レベルの二乗平均で表すことができる．

例えば，2.1[nV], 3.2[nV], 3.6[nV] の雑音の和は，
$$Vn = \sqrt{2.1^2 + 3.2^2 + 3.6^2} = 5.25[\text{nV}] \tag{3-26}$$
となる．

(5) 電力と電圧

高周波系では，インピーダンスが 50[Ω] であることを前提としていることが多い．その場合，電圧と電力を同じように扱うことができる．電力と電圧の変換は，$R=50[\Omega]$ のときは，
$$V = \sqrt{PR} = \sqrt{50P} \tag{3-27}$$
となる．

電力は，[dBm] の単位で表されることが多い．これは，1[mW] を基準としたデシベル表示である．電力をデシベル表示するのは，広い桁の値を加算で扱うことができるからである．電力の電圧への具体的な換算例を**表3.1**に示す．もちろん，1[mW] より大きい電力も，デシベル表示される．

表3.1 電力と電圧の関係

電力 [dBm]	電力 [W]	電圧 [Vrms]	電圧 [Vp-p]	電力 [dBm]	電力 [W]	電圧 [Vrms]	電圧 [Vp-p]
80dBm	100kW	2.24kV	6.34kV	−40dBm	100nW	2.24mV	6.34mV
70dBm	10kW	707V	2kV	−50dBm	10nW	707μV	2mV
60dBm	1kW	224V	634V	−60dBm	1nW	224μV	634μV
50dBm	100W	70.7V	200V	−70dBm	100pW	70.7μV	200μV
40dBm	10W	22.4V	63.4V	−80dBm	10pW	22.4μV	63.4μV
30dBm	1W	7.07V	20V	−90dBm	1pW	7.07μV	20μV
20dBm	100mW	2.24V	6.34V	−100dBm	100fW	2.24μV	6.34μV
10dBm	10mW	707mV	2V	−110dBm	10fW	707nV	2μV
0dBm	1mW	224mV	634mV	−120dBm	1fW	224nV	634nV
−10dBm	100μW	70.7mV	200mV	−130dBm	100aW	70.7nV	200nV
−20dBm	10μW	22.4mV	63.4mV	−140dBm	10aW	22.4nV	63.4nV
−30dBm	1μW	7.07mV	20mV	−150dBm	1aW	7.07nV	20nV

雑音密度の表記も，電圧の代わりに電力を用いて表示されることも多い．例えば電力で $-60[\mathrm{dBm/Hz}]$ は，電圧では $224[\mu\mathrm{V}/\sqrt{\mathrm{Hz}}]$ に相当する．単位は，電力では $[\mathrm{dBm/Hz}]$，電圧では $[\mathrm{V}/\sqrt{\mathrm{Hz}}]$ となるので注意すること．

3.3.2 信号対雑音比（S/N）

(1) S/N の定義

前述のように，S/N（Signal to Noise Ratio，SN 比，信号対雑音比）とは信号成分と雑音成分の電力の比で，信号の品質を表す指標である．S/N は通常デシベルで表され，信号成分を Ps，雑音成分の電力を Pn とすると，以下の式となる．

$$\mathrm{S/N} = 10\log(Ps/Pn) \tag{3-28}$$

またインピーダンスが同じ系（高周波では通常 50Ω と考える）では電力は電圧の二乗に比例するので，信号成分の電圧を Vs，雑音成分の電圧を Vn とすると，

$$\mathrm{S/N} = 10\log(Vs/Vn)^2 = 20\log(Vs/Vn) \tag{3-29}$$

となる．

(2) 高 S/N 化

S/N をよくするためには，信号の電力あるいは電圧を大きくし，逆に雑音の電力あるいは電圧を小さくする必要がある．

信号を大きくしようと単に増幅するのでは，S/N はよくならない．これについては雑音指数のところで述べる．信号を大きくするためには，例えば，計測系ではセンサや検出器の感度を上げる，無線通信系では指向性のあるアンテナを使う，などが有効である．これらはケースバイケースで対応する必要があり，一般的に共通として使える手法はない．

雑音を小さくするためには，まず雑音の原因を分析し，その干渉を減らすような対策をとる必要がある．まず初めに考えるべきことは，外来雑音を減らすことである．これについてはやはりケースバイケースでの対応が必要となる．

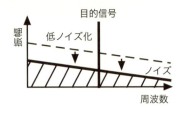 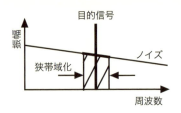

図 3.18　S/N を向上させる手法

次に行うのは,回路の工夫で内在雑音を少なくしたり,フィルタリングを行うことである.

S/N をよくする方法をスペクトルで考えると,**図 3.18** のようになる.目的信号に対して雑音のレベルを下げ低ノイズ化すること,またフィルリングを行い狭帯域化することの 2 つが考えられる.

前述のように通常の自然雑音や内在雑音は幅広いスペクトルを持ち,雑音の電力は帯域幅に比例する.そのためフィルタで帯域を狭めることで,雑音の電力を下げることができる.帯域を狭くすれば,S/N はいくらでも高くすることができるが,その代わり信号の復調ができなくなる.検出帯域は,目的とする信号が持つ周波数成分との兼ね合いで決める必要がある.

(3)　必要な帯域

検出帯域は,検出したい信号が持つ最高周波数成分が通過できる必要がある.例えば音楽では 20[kHz] の最高周波数成分がと言われているので,これらの周波数が通過できるよう,20[kHz] がカットオフ周波数であるローパスフィルタ (LPF) を入れておく.DC〜20[kHz] の周波数の信号が通過するので,帯域幅は 20[kHz] となる.また通常のセンサでは,DC〜数 100[Hz] 程度の信号を扱うことが多く,数 100[Hz] のカットオフ周波数を持つローパスフィルタを入れるのが普通である.

ちなみに音声や音楽の場合は,周波数範囲の下限は DC(直流)ではなく数 10[Hz] としてある.人の耳には直流は聞こえないこと,スピーカに直流電流が流れるとコイルが損傷すること,等がその理由である.また一般に,直流信

号を増幅する場合，オフセットやドリフトが発生したりして，直流信号を正確に増幅することは意外に難しい．センサなどでは，できれば直流成分を使わずにすめばうれしいが，実際には直流を扱う必要があることが多く，皆苦労している．

搬送波に情報を乗せて，情報を伝送することも多い．例えば電波が良い例である．搬送波の周波数は単一周波数であるが，信号で変調することにより帯域が広がる．帯域幅は変調の方式により異なるが，例えば（両側波帯の）振幅変調の場合，帯域幅は信号の周波数の2倍となる．例えば1000[kHz]（1[MHz]）のキャリアをDC～20[kHz]の音楽信号で変調する場合，周波数は980～1020[kHz]の成分を持つことになり，帯域幅は40[kHz]となる．この信号を扱う場合，中心周波数が1000[kHz]で帯域幅40[kHz]のBPFを入れることになる．日本のAM放送の場合，方送局は9[kHz]毎に並んでいるため，こんなに帯域を広くできない．そのため帯域を広くできるFM放送に比べ，音が悪い．

ローパスフィルタで，ある周波数までは完全に通し，それ以上他は全く通さない，という理想的なフィルタは存在しない．カットオフ周波数以上の増幅率が，徐々に落ちていく．このフィルタの減衰特性により，チェビシェフ，バターワース，ベッセルの3つに分類される．詳細は後述するが，ベッセルフィルタは周波数による遅延時間が一定で，波形が歪まないため，波形を重視する計測のフィルタリングには良く用いられる．

3.3.3 雑音指数

雑音指数（Noise Figure, NF, F）とは，増幅器の性能を表す指標の一つであり，増幅器内部で雑音が増加する割合を表している．理想的な増幅器では，$F=1$（0dB）であり，性能が悪い増幅器ほどFは大きくなる．また全体の性能は，初段の増幅器の性能が支配的になる．

(1) 雑音指数の定義

雑音指数の定義は，増幅器の入力のS/Nと出力のS/Nとの比である．その

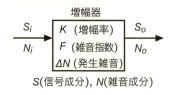
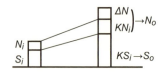

図 3.19　増幅器のモデル　　図 3.20　増幅器の入出力での信号とノイズ

ままの数値とデシベルで表す場合がある．数値で考えると，雑音指数は次の式で表される．入力の S/N が分子，出力の S/N が分母になる．

$$F = \frac{S_i/N_i}{S_o/N_o} \tag{3-30}$$

増幅器のモデルを図 3.19 のように表す．増幅率を K，増幅器で発生する雑音を ΔN とすると，

$$S_o = KS_i, \quad N_o = KN_i + \Delta N \tag{3-31}$$

となる．これを図で表すと，**図 3.19**，**図 3.20** のようになる．増幅器で発生する雑音が重畳されるため，出力の S/N は必ず劣化する．
雑音指数の式を書き直すと，

$$F = \frac{S_i/N_i}{S_o/N_o} = \frac{S_i/N_i}{KS_i/(KN_i + \Delta N)} = \frac{KN_i + \Delta N}{KN_i} = 1 + \frac{\Delta N}{KN_i} \tag{3-32}$$

となる．雑音指数 F は，増幅器でどれだけ雑音が増えるかという指標であり，F が小さく 1（デシベルでは 0[dB]）に近いほど性能のよい増幅器である．

(2)　増幅器の多段接続

図 3.21 のように，2 つの増幅器を直列に接続する場合を考える．信号と雑音が増幅される様子は，**図 3.22** のようになる．

それぞれの増幅器を単体で動作させた場合，雑音指数が，

$$F_1 = 1 + \frac{\Delta N_1}{K_1 N_i}, \quad F_2 = 1 + \frac{N_2}{K_2 N_i} \tag{3-33}$$

と表せるとする．

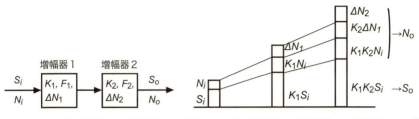

図 3.21 直列接続した増幅器   **図 3.22** 直列接続した増幅器での信号とノイズ

2つの増幅器を直列に接続したときの総合的な雑音指数は,

$$F_{21} = \frac{S_i/N_i}{S_o/N_o} = \frac{S_i}{K_1 K_2 S_i} \frac{K_1 K_2 N_i + K_2 \Delta N_1 + N_2}{N_i}$$
$$= 1 + \frac{\Delta N_1}{K_1 N_i} + \frac{1}{K_1} \cdot \frac{\Delta N_2}{K_2 N_i} = F_1 + \frac{F_2 - 1}{K_1} \quad (3\text{-}34)$$

となる.同様に考えると,多段に接続したときの総合の雑音指数は,

$$F_{total} = F_1 + \frac{F_2 - 1}{K_1} + \cdots + \frac{F_n - 1}{K_1 K_2 \cdots K_{n-1}} \quad (3\text{-}35)$$

となる.

式(3-35)の意味するのは,全体の雑音指数は,初段の増幅器の雑音指数が支配的になるということである.通常,各段の増幅率 K_i は大きな値をとるので,2段目以降の雑音指数はほとんど影響しない.初段に発生雑音の少ない増幅器を用いることは,電子回路設計の常識となっている.

計測などの場合,測定点あるいはセンサに近いところに雑音の少ない増幅器を置いて,増幅してから信号を伝送することが行われる.例えば,衛星放送の受信アンテナでは,アンテナ直下に雑音指数の小さい増幅器が置かれている.そのため衛星放送アンテナには電源が必要で,これは通常テレビから供給されている.

雑音指数の値だけを考えるときは,デジベルで表記した方が簡単である.例えは増幅器の入力のS/Nが20[dB],出力のS/Nが18[dB]なら,この増幅器の雑音指数は2[dB]である.実際の増幅器で,性能の良い物の雑音指数は1[dB]を切っている.

3.3.4 信号対雑音比（S/N）の計測と評価

(1) S/N の計測

S/N とは信号成分と雑音成分の電力の比である．実際には，信号の電力は信号を単一キャリアの信号の電力で考え，雑音の電力は雑音密度に帯域幅をかけて求めることになる．

S/N を考えるときの雑音は，雑音の電力密度に帯域幅をかけて雑音電力を求める．また電力でなく電圧で考えるときには，雑音の電圧密度に帯域幅のルートをかけて雑音電圧を求めてもよい．

数値例をあげる．雑音の電力密度が $-120[\mathrm{dBm/Hz}]$ で，必要な帯域が $0 \sim 200[\mathrm{Hz}]$ であるとする．$-120[\mathrm{dBm/Hz}] = 1 \times 10^{-15}[\mathrm{W/Hz}]$ であるから，雑音電力は $1 \times 10^{-15}[\mathrm{W/Hz}] \times 200[\mathrm{Hz}] = 2 \times 10^{-13}[\mathrm{W}]$ となる．電圧で考えると，$-120[\mathrm{dBm/Hz}]$ は $224[\mathrm{nV}/\sqrt{\mathrm{Hz}}]$ であるから，雑音電圧は $224 \times \sqrt{200} = 3168[\mathrm{nV}] = 3.16[\mu\mathrm{V}]$ となる．電力と電圧どちらで表しても実際は等価である．

雑音の電力は帯域幅により変わるため，S/N も帯域幅により変わる．S/N の議論をするときは，帯域幅を規定しないと意味がない．繰り返しになるが，S/N は帯域を狭くすればいくらでも高くなる．その代わり信号の復調ができなくなってしまう．機器の性能を表記する場合，S/N の表現として，例えば，「入力インピーダンス $50[\Omega]$，入力電圧 $0.1[\mu\mathrm{V}]$，帯域 $500[\mathrm{Hz}]$ のとき，出力の S/N が $10[\mathrm{dB}]$」というのが，正しい表現である．

実際には，S/N を計測するというより，雑音レベルを計測し，そこから検出できる信号の最小レベルを計算することが多い．先の例で，雑音密度が $0.224[\mu\mathrm{V}/\sqrt{\mathrm{Hz}}]$，帯域が $0 \sim 200[\mathrm{Hz}]$ のとき，雑音電圧は $3.16[\mu\mathrm{V}]$ となる．従って信号のレベルがこれと同じ $3.16[\mu\mathrm{V}]$ のとき S/N$=0[\mathrm{dB}]$ となり，$10[\mu\mathrm{V}]$ のとき S/N$=10[\mathrm{dB}]$ となる．

信号の最小レベルの基準として，S/N$=0[\mathrm{dB}]$ のレベルをとるのがわかりやすい．ただし通常の感覚では，信号の復調のためには S/N は $10[\mathrm{dB}]$ 以上欲しいところである．また特殊な信号処理によっては，S/N が $0[\mathrm{dB}]$ 以下の信号も復調できる．

3.3 信号と雑音

(2) スペクトラムアナライザ

信号や雑音の電力を計測するためには，通常，スペクトラムアナライザ（通称スペアナ）を用いる．スペアナは，ある周波数幅毎に，その区間の信号成分の電力を計測する．この区間の幅を，バンド幅（Band Width, BW）あるいは RBW（Resolution Band Width）と呼ぶ．

単一周波数の信号，例えば変調されていない搬送波の場合は，スペアナで計測された電力は RBW によらない．単一周波数の信号の帯域は無限小であるからである．それに対して雑音の場合は，スペアナで計測された電力は，RBW により変化する．雑音の電力は，周波数幅方向の積分になるからである．

雑音を計測する場合，帯域幅を 10 倍にすると雑音の電力も 10 倍，すなわち 10[dB] 上がる．逆に帯域幅を 1/10 倍にするとノイズも 1/10 倍，すなわち 10[dB] 下がる．スペアナで雑音の計測を行うときには，RBW をいくつにして計測したか，記録しておくことが必須である．RBW は，通常は測定開始する最低周波数と同じか，それより低くしておく．例えば 10[kHz]～10[MHz] で測定を行う場合は，RBW は 10[kHz] 以下にしておく．

雑音は，最終的には 1[Hz] 帯域幅あたりの雑音電力である雑音電力密度[dBm/Hz] あるいは雑音電圧密度 $[V/\sqrt{Hz}]$ に変換して評価する．計測された帯域あたりの雑音電力を P_n[dBm]，帯域幅を RBW[Hz]，雑音電力密度を P_{nd}[dBm/Hz] とすると，

$$P_{nd} = P_n - 10\log(RBW) + 3 \tag{3-36}$$

の関係がある．+3 は，理想フィルタで計測したときと，スペアナの RBW を規定する実際のフィルタで計測した場合の差の補正である．具体例で示すと，$RBW=3$[kHz]，$P_n=-42$[dBm] のとき，$P_{nd}=-42-10\log(3,000)+3=-74$ [dBm/Hz] となる．

スペアナの計測では，電力[dBm] あるいは電力密度[dBm/Hz] で考えておくのが扱いやすい．その後の雑音の計算には，電圧密度 $[V/\sqrt{Hz}]$ で考えた方がわかりやすい．電力と電圧の換算を自由に行えるようになっておく必要

がある．スペアナによっては，電力 [dBm] ではなく，RBW を考えなくてもよい単位周波数あたりの電圧密度 [V/$\sqrt{\text{Hz}}$] を直接表示してくれるものがあり，便利である．

(3) 雑音レベルの評価

センサなどの雑音の計測を行う場合，増幅器で増幅した出力をスペアナで計測するのが普通である．雑音は非常に小さく，計測するからにはスペアナのノイズフロアを上回る信号レベルにしておく必要があるからである．しかし増幅器により増幅率が異なると，雑音の定量的な比較ができなるくなる．従って計測した雑音レベルを増幅率で割り，増幅器の入力における雑音レベルに変換しておく．これが入力換算雑音密度である．

先の数値例 -80[dBm/Hz] で考えてみる．この雑音が 200 倍の電圧増幅率（46dB）の増幅器の出力であったとする．-80[dBm/Hz] は 22.4[μV/$\sqrt{\text{Hz}}$] であるから，入力換算雑音密度はおおよそ $22.4/200 = 0.1$[μV/$\sqrt{\text{Hz}}$] $= 100$[nV/$\sqrt{\text{Hz}}$] であることがわかる．抵抗 1[kΩ] の温度 300[K] における熱雑音は 7[nV/$\sqrt{\text{Hz}}$] であり，このあたりが入力換算雑音密度の下限の目安である．従って 100[nV/$\sqrt{\text{Hz}}$] なら，もう少し改善の余地ある．

単に増幅率で割った入力換算雑音密度は，増幅器で発生した雑音も重畳された値である．従って実際の雑音密度はこれより小さくなる．ただし実際には，増幅器の発生雑音を分けて評価することはなかなか難しい．

繰り返しになるが，雑音（電圧）密度に帯域幅の $\sqrt{}$ をかけたものが雑音電圧となり，この値からセンサなどの最小分解能，感度の目安とすることができる．

3.4 フィルタリング

3.4.1 フィルタ

フィルタリングとは，日本語では選別，濾過と呼ばれ，不要なものを排除し，必要なものを取り出す動作である．またこの動作をするものをフィルタと呼ぶ．

3.4 フィルタリング

エレクトロニクスの分野では，フィルタとは，目的とする周波数帯域の信号を通過させ，不要な周波数帯域の信号を除去するものである．理想的な特性のフィルタは存在せず，目的に応じて最適な特性を持つフィルタが選択される．

フィルタの種類として代表的なものに，ローパスフィルタ（LPF），ハイパスフィルタ（HPF），バンドパスフィルタ（BPF），ノッチフィルタ（BEF，バンドエリミネーションフィルタ）がある．それぞれの特性について，説明する．

ローパスフィルタの特性を，図 3.23 に示す．左が理想的な特性で，右が実際の特性の例である．ローパスフィルタは，ある周波数より低い周波数成分の信号を透過し，高い周波数成分の信号を阻止するフィルタである．この透過と阻止の境目の周波数を，遮断周波数あるいはカットオフ周波数 ω_c と呼ぶ．実際のアナログフィルタでは，カットオフ周波数以上の信号をいきなりゼロにする特性は出せず，図のように周波数が上がるにつれゲインが落ちる特性となる．

ローパスフィルタは，計測で最もよく用いられるフィルタである．高い周波数成分のノイズをカットし，信号の S/N を上げて品質を向上させる．1次遅れ系，2次遅れ系のシステムは，フィルタとして見ればローパスフィルタである．さらに言えば機械構造体もローパスフィルタであり，バネマス（ダンパ）系は，共振周波数以上の入力に対して，周波数が上がるほど応答が小さくなる．また詳しくは後述するが，A/D 変換でのサンプリングにおけるエイリアシングを防ぐためにローパスフィルタが用いられる．

図 3.23 には位相特性が書かれていないが，ローパスフィルタを入れると，

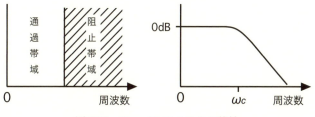

図 3.23　ローパスフィルタの特性

カットオフ周波数付近より上では位相にも影響が出る．具体的には位相遅れが生じるため，フィードバック系では制御の安定性との関係で，留意する必要がある．

ハイパスフィルタの特性を，図 3.24 に示す．ハイパスフィルタは，ある周波数より高い周波数成分の信号を透過し，低い周波数成分の信号を阻止するフィルタである．ハイパスフィルタの場合も，ローパスフィルタと同様，この境目の周波数を遮断周波数あるいはカットオフ周波数 ω_c と呼ぶ．実際のアナログフィルタでは，やはりカットオフ周波数以下の信号をいきなりゼロにする特性は出せず，図のように周波数が下がるにつれゲインが落ちる特性となる．

ハイパスフィルタは，通常，DC カット（直流成分をカット）するために用いられる．例えば音響の計測などでは，直流あるいは低い周波数の信号は不要なことが多く，逆に直流成分が乗っているとオフセットで回路が飽和するなど，不都合なことが多い．そこでハイパスフィルタで DC カットして，高い周波数成分のみ増幅することが行われる．

バンドパスフィルタの特性を，図 3.25 に示す．バンドパスフィルタは，周波数近傍の周波数成分の信号を透過し，その上下の周波数成分の信号を阻止す

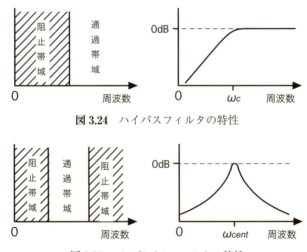

図 3.24　ハイパスフィルタの特性

図 3.25　バンドパスフィルタの特性

るフィルタである．ハイパスフィルタの場合，透過する信号の中心周波数 ω_{cent} を用いてその特性を表す．この中心周波数 ω_{cent} での選択性鋭さを表す指標として，Q値（Quality Factor）という数値が用いられる．これについては，次節で述べる．

バンドパスフィルタは，高周波系では最も多用されるフィルタである．特定の周波数成分のみを取り出して増幅する用途は非常に多く，特に通信関係では必須の素子である．

2次遅れ系は，ローパスフィルタであるとともに，共振周波数付近のゲインの持ち上がりを用いることでバンドパスフィルタにもなりうる．バネマス（ダンパ）系も，共振周波数付近の入力に対して，応答が大きくなる．

ノッチフィルタの特性を，**図 3.26** に示す．ノッチとは，VあるいはU字形の切り込みやくぼみのことで，ある周波数近傍の周波数成分の信号を阻止するフィルタである．バンドエリミネーションフィルタ（BEF）とも呼ばれる．ハイパスフィルタと同様，遮断する信号の中心周波数 ω_{cent} を用いて表す．

ノッチフィルタが最も用いられるのは，電源ラインから電磁誘導で信号に重畳させるノイズの除去である．日本では交流電源の周波数により，50[Hz]あるいは60[Hz]のノイズとなる．このノイズは「ブーン」と聞こえるので，ハム（hum）と呼ばれる．またフィードバック系を構成する際，機構の副共振による不安定化を防ぐため，ノッチフィルタで副共振の周波数でのゲインを落とすことが行われる．

主に低周波用のローパスフィルタで，特徴のある特性を実現しているものが

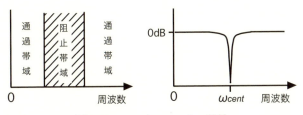

図 3.26 ノッチフィルタの特性

ある．チェビシェフ，バターワース，ベッセルと呼ばれるフィルタである．

チェビシェフは，急峻な遮断特性を実現することができる．ただし通過帯域でリプルを持つため，波形にピークやリンギングが生じやすい．

バターワースは，通過帯域内でのゲインのリプルが少なく，振幅特性がフラットなフィルタである．減衰特性は，n を次数とすると $-20n\,[\mathrm{dB/dec}]$ となる．2次のバターワースの場合，その特性は二次遅れ系で $\zeta=1/\sqrt{2}$ としたものと一致する．バターワースフィルタは，構造が簡単なのでよく用いられる．しかしながら位相遅れが周波数に比例しないため，波形が歪むことがある．

ベッセルフィルタは，通過帯域ではほぼ一定の群遅延を示すので，信号の波形をそのまま保つことができる．一定の群遅延とは，簡単に言えば周波数が変わっても遅延時間が同じ，ということである．周波数に位相遅れが比例する，直線位相特性を持つ，とも表現できる．波形が歪まないため，計測や，パルス信号の伝送，波形ピークの解析などでよく用いられる．ただしカットオフ特性は，なだらかである．また後述のデジタルフィルタにおける FIR フィルタは，やはり一定の群遅延特性，直線位相特性を持つ．

低周波（数百［kHz］以下）のフィルタとしては，抵抗とコンデンサによる RC フィルタや，オペアンプを用いたアクティブフィルタが用いられる．低い周波数では電源フィルタ等を除いて，コイルはほとんど使わない．高周波のフィルタとしては，コイルとコンデンサを用いた LC フィルタが用いられる．高い周波数のフィルタでは，わざとダンピングをかけるなど特殊な場合を除いて，抵抗は使わない．数百［MHz］以上の高い周波数では，コイルやコンデンサのような集中定数回路ではなく，分布定数回路を用いたストリップラインが用いられる．

高周波のフィルタは，ほとんどがある特定の周波数を透過させるバンドパスフィルタである．高周波のバンドパスフィルタで最も基本的なものは LC の共振回路である．急峻な選択性が必要な場合には，メカニカルフィルタ，クリスタルフィルタ，セラミックフィルタ，表面弾性波（SAW）フィルタなどが用いられる．

3.4.2 バンドパスフィルタとQ

バンドパスフィルタあるいは共振回路の，共振の鋭さを表す無次元量として，Q値（Quality Factor）という数値が用いられる．Q値はエレクトロニクスの世界で用いられる言葉であるが，メカの世界のバネマスダンパ系の共振の鋭さを表す指標ともなり，減衰係数ζと密接な関係がある．以下にQ値の4つの典型的な表現が書かれているが，すべて等価である．

(1) 周波数帯域での表現

図3.27に示すバンドパスフィルタの共振特性において，ゲインが3[dB]低下する周波数の幅と，中心周波数の比率で定義される．すなわち，

$$Q = \frac{\omega_{cent}}{\Delta\omega} \tag{3-37}$$

がQ値となる．

(2) LCR回路のインピーダンスでの表現

図3.28に示すLCR回路の，各素子のインピーダンスにより定義される．ω_nを共振回路の共振周波数として，

$$Q = \frac{\omega_n L}{R} = \frac{1}{\omega_n CR} = \frac{1}{R}\sqrt{\frac{L}{C}} \tag{3-38}$$

がQ値となる．$\omega_n L$はコイルの，$1/\omega_n C$はコンデンサの，回路の共振周波数におけるインピーダンスである．Q値は，抵抗とコイルあるいはコンデンサの，共振周波数におけるインピーダンスの比である，ということができる．

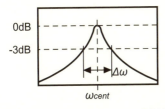

図3.27 バンドパスフィルタの共振特性

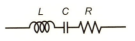

図3.28 LCR回路

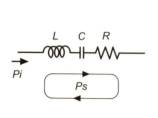
図 3.29　LCR 回路に蓄えられる電力

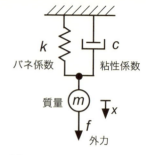
図 3.30　バネマスダンパ系

(3) LCR 回路の電力での表現

図 3.29 に示す LCR 回路において，外から供給される電力と，共振回路に蓄えられている電力の比で定義される．

外から供給される電力 P_i を，蓄えられている電力 P_s をとして，

$$Q = \frac{P_s}{P_i} \tag{3-39}$$

が Q 値となる．

(4) 二次遅れ系での表現

図 3.30 に示すバネマスダンパ系の共振の鋭さを表す指標でもある．Q 値と減衰係数の間には，

$$Q = \frac{1}{2\zeta} \tag{3-40}$$

の関係がある．すなわち，

$$G(s) = \frac{1}{ms^2 + cs + k} = \frac{\omega_n^2/k}{s^2 + 2\zeta\omega_n s + \omega_n^2} = \frac{\omega_n^2/k}{s^2 + \frac{\omega_n}{Q}s + \omega_n^2} \tag{3-41}$$

となる．

第 4 章 信号の処理 ～アナログ信号の加工～

　計測器やセンサの出力であるアナログ信号は，我々が扱いやすい大きさに増幅されたり，フィルタにより雑音成分が除去されるなど，さまざまな処理を受ける．また信号を離れた場所に送るには，搬送波を変調して送ることが多い．これらの処理は，エレクトロニクスにより実現される．

　本章では，アナログ信号を対象としたさまざまな処理の原理およびそれを実現する回路手法について述べる．

4.1 アナログ信号の増幅

　アナログ信号の増幅やフィルタリングなど，アナログ信号を扱う回路で最もよく用いられる素子は，オペアンプである．オペアンプを用いると，増幅器の増幅率や周波数特性を，簡単に，自由に設定することができる．トランジスタを用いた増幅器でも増幅率や周波数特性を設定できるが，非常に面倒である．オペアンプでは，2つの入力端子の電圧は等しい，2つの入力端子に電流は流れ込まない，の2点だけ頭に入れておけば，ほとんどの回路の設計ができてしまう．本節で取り上げる回路はよく出てくるものばかりなので，回路図を見ただけでどういう役割の回路か，増幅率はどれくらいか，など，すぐ頭に浮かぶようにして欲しい．

4.1.1 オペアンプ

　オペアンプは，Operational Amplifier の略で，日本語では演算増幅器と呼

ばれる．直流から高周波（通常，数10[MHz]）までのアナログ電圧を増幅する素子である．この名称は，1940年代，アナログコンピュータの演算要素として開発されたことに由来する．初期のオペアンプは，真空管で構成された巨大な箱であったが，その後トランジスタ化され，さらに1960年代後半にはIC化され広く使われるようになった．

オペアンプは増幅度が非常に大きい差動増幅器（2つの入力の間の電位差を増幅する）であり，フィードバックをかけて用いる．複雑な設計をすることなしに，所望の増幅率や特性を持った回路を作ることができる．アナログ回路にとっては不可欠な要素である．

(1) オペアンプの基本動作

オペアンプの記号を，**図 4.1** に示す．オペアンプは，2つの入力端子（V_+，V_-）と1つの出力端子（V_{out}）を持つ．電源端子は2つあり，プラスとマイナスの電源に接続する場合（両電源）と，プラスの電源とグラウンドに接続する場合（片電源）の，2つの使い方がある．後者の場合，出力端子（V_{out}）にはプラス電圧しか出せないため，使い方に工夫がいる．慣れないうちは両電源で用いる方が無難である．

オペアンプの2つの入力端子であるV_-端子とV_+端子は，それぞれ反転入力，非反転入力と呼ばれる．これら2つ端子の電圧差が増幅されて出力端子V_{out}に出力される．このように2端子間の電圧の差で動作することを，オペアンプの入力は2端子で，差動入力となっていると表現する．

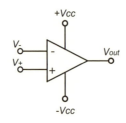

図 4.1 オペアンプの記号

オペアンプの増幅率を A で表現すると，出力は以下のようになる．
$$V_{out} = A(V_+ - V_-) \tag{4-1}$$
V_- 端子が反転入力，V_+ 端子が非反転入力と呼ばれるのは，式(4-1)からわかるように，V_- の電圧がプラスに動くと出力 V_{out} がマイナスに，V_+ の電圧がプラスに動くと出力 V_{out} がプラスに動くからである．

式(4-1)を変形すると，
$$V_+ - V_- = V_{out}/A \tag{4-2}$$
となる．オペアンプでは，この増幅率 A が非常に大きい．式(4-2)で $A \to \infty$ とすると，$V_+ = V_-$ が成り立っていることになる．

これはオペアンプが正常に動作していて，出力 V_{out} が飽和したりしていないときには，反転入力端子 V_- と非反転入力端子 V_+ は同じ電位となるよう調節される，ということを意味する．また，反転入力端子 V_- と非反転入力端子 V_+ の間に電位差が生じないということは，これらの入力端子に電流が流れ込まないということ，すなわち，端子の入力インピーダンスが非常に大きい（∞に近い）ということを意味する．

オペアンプの特徴をまとめると，以下の通りとなる．
・増幅率が ∞ に近い
・入力インピーダンス（入力抵抗）が ∞ に近い
・出力インピーダンス（出力抵抗）が 0 に近い

3つめの特徴はここで初めて出てきたが，出力端子からいくら電流を取り出しても，出力電圧 V_{out} はドロップしない，ということである．

(2) オペアンプの動作の考え方

オペアンプを用いた回路を設計するにあたり，上に述べた次の動作の特徴を用いると，設計が容易である．

a) オペアンプの2つの入力端子の電圧は等しくなる

b) オペアンプの2つの入力端子に電流は流れ込まない

a) は，オペアンプの増幅率が非常に大きいことから導かれる．b) は，オ

第4章 信号の処理〜アナログ信号の加工〜

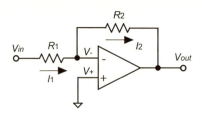

図 4.2 オペアンプによる反転増幅器

ペアンプの入力インピーダンスが非常に大きいためである．

図 4.2 の反転増幅器を例にとって，オペアンプ回路の動作を説明する．

オペアンプの 2 つの入力端子の電圧は等しくなること，また非反転入力端子がグラウンドに落ちていることから，$V_- = V_+ = 0$ となる．またオペアンプの入力端子に電流は流れ込まないから，反転入力端子の電圧 V_- を V_{in} と V_{out} を用いて表すと次のようになる．

$$V_- = V_{in} + (V_{out} - V_{in})R_1/(R_1 + R_2) = 0 \tag{4-3}$$

この式から，

$$V_{out} = -(R_2/R_1) \cdot V_{in} \tag{4-4}$$

となる．

また図 4.2 のように電流の流れを仮定すれば，入力端子に電流は流れ込まないから，

$$I_1 = I_2 \tag{4-5}$$

となる．電流を抵抗と電圧で書き換えると，

$$(V_{in} - 0)/R_1 = (0 - V_{out})/R_2 \tag{4-6}$$

となり，さらにこの式を変形して，

$$V_{out} = -(R_2/R_1) \cdot V_{in} \tag{4-7}$$

となり，式 (4-4) と同じ結果になる．

図 4.2 のように非反転入力端子が接地されてその電位が 0[V] である場合，反転入力端子の電位もやはり接地されているのと同様に 0[V] となる．この場合，反転入力端子は「仮想接地」(Virtual Ground) されていると言う．仮想と呼ばれる理由は，回路上直接には接地されていないが，動作上，接地され

ていると考えてよいからである.

(3) 実際のオペアンプ回路

現実のオペアンプは完全に理想な増幅器ではなく，次のような諸制約条件がある．
・増幅率が有限，通常 100[dB] 程度
・入力抵抗が無限大でない
・出力電圧の振幅幅が有限，電源電圧の範囲内でしか出力できない
・出力可能な電流が有限
・周波数帯域が有限，入力信号が高周波になると増幅率は減少する

特に最後の周波数帯域の制約条件は，高い周波数の信号を扱う場合に注意が必要となる．オペアンプの性能を表す GB 積（Gain-Bandwidth Product，利得帯域幅積）という数値で，帯域を見積もることができる．例えば，GB 積が 10[MHz] のオペアンプを 40[dB]（100 倍）のゲインを持つ増幅器として扱う場合，帯域は 100[kHz] まで（直流から 100[kHz] まで）ということになる．

図 4.3 は，実際の反転増幅器の回路図の例である．2 つの電源端子があり，それぞれプラス電源 $+V_{cc}$ とマイナス電源 $-V_{cc}$ に接続される．電源のグラウンド（アース）は共通とし，回路のグラウンドパタンに接続する．

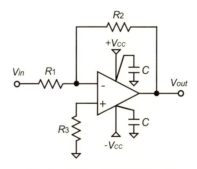

図 4.3　実際の反転増幅器の例

第4章 信号の処理～アナログ信号の加工～

　オペアンプの電源端子の近傍に，図のように $0.01 \sim 0.1 [\mu\mathrm{F}]$ 程度のコンデンサをグラウンドとの間に挿入する．電源ラインからノイズがまわり込まないようにするためである．このコンデンサをノイズをバイパスさせるという意味で，バイパスコンデンサあるいはパスコンと呼ぶ．バイパスコンデンサは，オペアンプの素子毎に取り付けることが望ましい．

　反転増幅器の場合，回路図では省略されるが，実際の回路では非反転入力端子とグラウンドの間には抵抗 R_3 が挿入されることがある．この抵抗は，オペアンプの出力にオフセットが生じたりするのを軽減する効果がある．抵抗 R_3 の値は，おおよそ抵抗 R_1 と抵抗 R_2 との並列合成抵抗値となるように選ばれる．例えば抵抗 R_1 と抵抗 R_2 がそれぞれ $4.7[\mathrm{k}\Omega]$ と $10[\mathrm{k}\Omega]$ の場合，抵抗 R_3 は $3.3[\mathrm{k}\Omega]$ とする．

　1つの IC に2つ，あるいは4つのオペアンプが内蔵されているデュアル，あるいはクワッドオペアンプの場合，使用しないオペアンプの端子が出てくる．このような場合，非反転入力端子はアースに，反転入力端子は出力に接続しておくと他の回路への影響が少なくなる．

4.1.2 基本回路

オペアンプを用いた基本的な回路について述べる．

(1) 反転増幅器（Inverting Amplifier）

　オペアンプ回路として最も基本的なものが，**図 4.4** の反転増幅器である．信号増幅で最もよく用いられる回路である．入出力の極性が逆になるため反転増

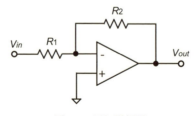

図 4.4　反転増幅器

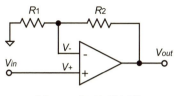

図 4.5　非反転増幅器

幅器と呼ばれる．

　反転増幅器の動作は前節で解析したので，ここでは結果のみ再掲する．

$$V_{out} = -\frac{R_2}{R_1} \cdot V_{in} \tag{4-8}$$

　反転増幅器は，極性の反転した増幅率 R_2/R_1 のアンプとして働く．2つの抵抗の比率だけで増幅率が設定できる．極性が反転するとは，交流信号では位相が 180 度回ることである．しかしもう一度極性を反転させると元に戻るので，回路設計上，この極性の反転はあまり気にしないことが多い．

(2)　非反転増幅器（Non-Inverting Amplifier）

　信号の極性を反転させずに信号の増幅を行う回路が，図 4.5 に示す非反転増幅器である．入力がオペアンプの入力端子に直結されるため，入力電流が流れず，入力インピーダンスが非常に高くなる．

　オペアンプの2つの入力端子 V_+ と V_- の電圧が等しいことから，

$$V_{in} = V_+ = V_- = V_{out} \times R_1/(R_1+R_2) \tag{4-9}$$

が成り立ち，これより，

$$V_{out} = \left(1+\frac{R_2}{R_1}\right) \cdot V_{in} \tag{4-10}$$

となる．非反転増幅器では，入力と出力の極性は同じであり，その増幅率は $1+R_2/R_1$ となる．

第 4 章　信号の処理〜アナログ信号の加工〜

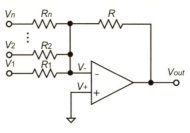

図 4.6　加算器

(3)　加算器

複数の入力信号の足し算を行う回路が，**図 4.6** に示す加算器である．

図 4.6 において，仮想接地より $V_- = V_+ = 0$，また，オペアンプの入力端子へは電流が流れ込まないから，$R_1 \sim R_n$ に流れる電流の総和は R に流れる電流に等しくなるので，

$$V_1/R_1 + V_2/R_2 + \cdots + V_n/R_n = (0 - V_{out})/R \tag{4-11}$$

が成り立ち，これより，

$$V_{out} = -\left(\frac{R}{R_1} \cdot V_1 + \frac{R}{R_2} \cdot V_2 + \cdots + \frac{R}{R_n} \cdot V_n \right) \tag{4-12}$$

となる．

この回路は，複数の入力の重みを変えて加算するときに用いられる．D/A 変換器は，この回路の応用である．また特に $R = R_1 = R_2 = \cdots = R_n$ の場合，$V_{out} = -(V_1 + V_2 + \cdots + V_n)$ となり，単純加算となる．

(4)　差動増幅器（減算器）

2 つの信号の差分をとる回路が，**図 4.7** 示す差動増幅器である．信号間の引き算をするため減算器とも呼ばれる．

オペアンプの 2 つの入力端子 V_+ と V_- の電圧が等しいことを利用する．V_+ は，V_1 の電圧を 2 つの抵抗で分圧したものであるので，

$$V_+ = \frac{R_2}{R_1 + R_2} V_1 \tag{4-13}$$

4.1 アナログ信号の増幅

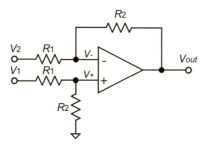

図 4.7 差動増幅器

となる．また V_- を，V_2 と V_{out} を用いて表すと，

$$V_- = V_{out} + \frac{R_2}{R_1+R_2}(V_2 - V_{out}) = \frac{R_2}{R_1+R_2}V_2 + \frac{R_1}{R_1+R_2}V_{out} \quad (4\text{-}14)$$

となる．ここで，$V_- = V_+$ であるので，

$$\frac{R_2}{R_1+R_2}V_1 = \frac{R_2}{R_1+R_2}V_2 + \frac{R_1}{R_1+R_2}V_{out} \quad (4\text{-}15)$$

の関係が成り立つ．これを整理して，

$$V_{out} = \frac{R_2}{R_1}(V_1 - V_2) \quad (4\text{-}16)$$

となり，V_{out} は V_1 と V_2 の差を表す信号となる．

特に $R_1 = R_2$ の場合，$V_{out} = V_1 - V_2$ となり，単純減算となる．

センサからの信号を増幅する場合，差動増幅器を用いた方がノイズに強くなることが多い．差動増幅器では，2つの入力端子に入った同位相のノイズをキャンセルできるからである．

(5) ボルテージフォロワ（バッファ）

図 4.8 はボルテージフォロワあるいはバッファと呼ばれ，前段からの信号を高いインピーダンスで受け，後段へ低いインピーダンスで出力する回路である．オペアンプの2つの入力端子 V_+ と V_- の電圧は等しいから，

$$V_{in} = V_{out} \quad (4\text{-}17)$$

第4章 信号の処理〜アナログ信号の加工〜

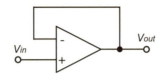

図 4.8 ボルテージフォロワ（バッファ）

となる．

ボルテージフォロワは単なる1倍の増幅器のように思えるが，実は有用な回路である．高インピーダンスで受けるので，前段の回路への影響が少なく，抵抗とコンデンサで構成するフィルタや位相補償回路の受けとして，よく用いられる．同様の用途で増幅もしたいときには，非反転増幅器を用いる．

ボルテージフォロワの増幅率は1倍であるので，性能のよすぎるオペアンプでは発振して使えないことがある．1倍の増幅率で使えるかはオペアンプのデータシートに書かれているので，使う前に確認する必要がある．

(6) 電流電圧変換回路

信号電流を電圧に変換する回路が，図 4.9 の電流電圧変換回路である．

仮想接地より，$V_-=V_+=0$．またオペアンプの入力端子へは電流が流れ込まないから，入力電流 I_{in} はそのまま抵抗 R に流れ出力電圧 V_{out} を発生するので，

$$V_{out} = -R \cdot I_{in} \tag{4-18}$$

となる．

通常 R は大きい値とし，例えばフォトダイオードで光を検出した際に流れる小さな電流を電圧として出力するような場合に用いる．

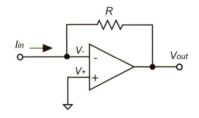

図 4.9 電流電圧変換回路

90

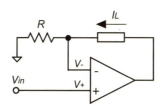

図 4.10 電圧電流変換回路(電流ドライバ)

(7) 電圧電流変換回路(電流ドライバ)

信号電圧を電流に変換する回路が,**図 4.10** の電圧電流変換回路である.

オペアンプの入力端子へは電流が流れ込まないから,負荷に流れる電流がそのまま抵抗 R に流れる.そこ発生する電圧が反転入力の電圧 V_- となる.V_+ と V_- は等しいから,

$$RI_L = V_{in} \tag{4-19}$$

となって,さらに,

$$I_L = \frac{V_{in}}{R} \tag{4-20}$$

となる.

この回路では,入力電圧に比例した電流を負荷に流すことができる.負荷は抵抗だけでなく,コイルのようなインダクタンスを持つ素子でもよい.負荷電流を電圧で制御したい場合,例えばモータを電流駆動したい場合によく用いる回路であり,電流ドライバとも呼ばれる.またこの場合,オペアンプは十分な出力電流を取り出せるものにしておく必要がある.また,トランジスタと組み合わせて大きな出力電流が取り出せるようにした回路も,よく用いられる.

4.1.3 周波数特性を持つ回路

オペアンプを用いた,周波数特性を持つ回路について述べる.

(1) 受動素子の周波数特性

周波数特性を持つオペアンプ回路を考える準備として,抵抗,コイル,コン

第4章 信号の処理〜アナログ信号の加工〜

図4.11 受動素子とそのインピーダンス

デンサの各インピーダンスの，ラプラス演算子 s を用いた表記を見ておく．インピーダンスとは，オームの法則における抵抗の概念を拡張したもので，位相関係を含めて表したものである．なぜインピーダンスかを考えるというと，これらの素子の周波数特性を表すパラメータだからである．

抵抗，コイル，コンデンサの各インピーダンスを，**図4.11** に示す．これらの値は，ぜひ暗記して欲しい．暗記といっても，抵抗は当たり前なので，覚えるのはコンデンサとコイルのインピーダンスの2つだけである．

抵抗のインピーダンスは周波数特性を持たないので，抵抗そのままである．抵抗値を R とすると，インピーダンス Z は，

$$Z = R \tag{4-21}$$

となる．

コンデンサのインピーダンスは周波数特性を持つ．**図4.12** のように，キャパシタンス C のコンデンサに交流電圧 v を加えた場合を考える．

コンデンサに加える電圧を v，蓄えられる電荷を q とすると，

$$q = Cv \tag{4-22}$$

の関係がある．コンデンサに流れる電流 i は，電荷 q の微分になるから，

$$i = \frac{d}{dt}q = \frac{d}{dt}Cv \tag{4-23}$$

となる．この式をラプラス変換すると，

$$I = sCV \tag{4-24}$$

となる．ただし I，V は，電流 i と電圧 v をラプラス変換したものである．インピーダンス Z は電流と電圧の比であるから，

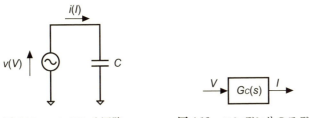

図 4.12　コンデンサ回路　　　　図 4.13　コンデンサのモデル

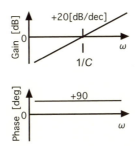

図 4.14　コンデンサの伝達関数（周波数応答）

$$Z = \frac{V}{I} = \frac{1}{sC} \tag{4-25}$$

となる．

図 4.12 の回路を，電圧を入力，電流を出力として，図 4.13 のブロックで考えてみる．$G_c(s)$ は，コンデンサの伝達関数である．

伝達関数 $G_c(s)$ は，

$$G_c(s) = \frac{I}{V} = \frac{1}{Z} = sC \tag{4-26}$$

となり，これをボード線図で表すと図 4.14 となる．

このボード線図から，周波数は高くなるほどコンデンサに流れる電流は増えること，電流は電圧に対して位相が 90[deg] 進んでいること，が簡単に読み取れる．

コイルもコンデンサと同様，インピーダンスは周波数特性を持つ．図 4.15

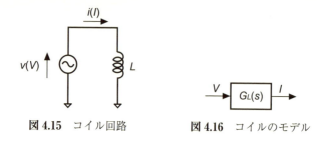

図 4.15 コイル回路　　図 4.16 コイルのモデル

のように,インダクタンス L のコイルに交流電圧 v を加えた場合を考える.

コイルに加える電圧を v,流れる電流を i とすると,次の関係が成り立つ.

$$v = L\frac{d}{dt}i \tag{4-27}$$

となる.この式をラプラス変換すると,

$$V = sLI \tag{4-28}$$

となる.ただし I, V は,電流 i と電圧 v をラプラス変換したものである.インピーダンス Z は電流と電圧の比であるから,

$$Z = \frac{V}{I} = sL \tag{4-29}$$

となる.

図 4.15 の回路を,電圧を入力,電流を出力として,図 4.16 のブロックで考えてみる.$G_L(s)$ は,コイルの伝達関数である.

伝達関数 $G_L(s)$ は,

$$G_L(s) = \frac{I}{V} = \frac{1}{Z} = \frac{1}{sL} \tag{4-30}$$

となり,これをボード線図で表すと図 4.17 となる.

このボード線図から,周波数は高くなるほどコイルに流れる電流は減少すること,電流は電圧に対して位相が 90[deg] 遅れていること,が読み取れる.

以上をまとめると,抵抗,コンデンサ,コイルのインピーダンスはそれぞれ R, $1/sC$, sL となり,これらは,回路の設計をするときや特性を求めるときに,

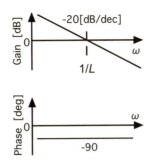

図 4.17 コイルの伝達関数（周波数応答）

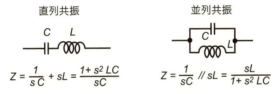

図 4.18 直接共振と並列共振のインピーダンス

覚えておくと便利な表記である.

図 4.18 は，コイルとコンデンサによる直列共振回路，並列共振回路である．抵抗，コイル，コンデンサのインピーダンスがわかっているので，これらの回路の合成インピーダンスも簡単に求めることができる．

直列共振回路では，

$$Z = \frac{1}{sC} + sL = \frac{1+s^2 LC}{sL} \tag{4-31}$$

となり，並列共振回路では，

$$Z = \frac{\frac{1}{sC} \cdot sL}{\frac{1}{sC} + sL} = \frac{sL}{1+s^2 LC} \tag{4-32}$$

となる．慣れてくるとこれらの式を見ただけで共振周波数が，

$$\omega_n = \frac{1}{\sqrt{LC}} \tag{4-33}$$

であること,またその周波数で直列共振はインピーダンス最小,並列共振はインピーダンス最大となることが読み取れる.

(2) 反転増幅器の拡張

前節で扱ったオペアンプ回路は,抵抗を使ったものであった.しかしそれらの抵抗は,インピーダンスに置き換えることが可能である.実際のところは,コイルが用いられることはほとんどないが,抵抗とコンデンサの組み合わせは非常によく用いられている.ここでは特に基本的な反転増幅器を例として,周波数特性を持つオペアンプ回路を設計する.

図4.19は,反転増幅器の回路である.前節では抵抗を用いていたが,インピーダンスに置き換えてある.

前節の反転増幅器の解析を敷衍すればすぐにわかるが,入力と出力の関係は次の式となり,増幅率は2つのインピーダンス Z_1 と Z_2 の比率で決まる.

$$V_{out} = -\frac{Z_2}{Z_1} V_{in} \tag{4-34}$$

また回路を伝達関数で表記する場合は,

$$G(s) = \frac{V_{out}}{V_{in}} = -\frac{Z_2}{Z_1} \tag{4-35}$$

となる.

以下,反転増幅器を用いた,周波数特性を持つ回路を示す.また特に断りのない場合は,回路の周波数特性は伝達関数で表記することとする.

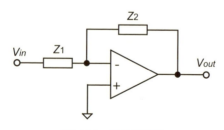

図4.19 反転増幅器

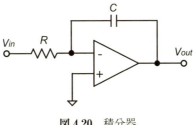

図 4.20 積分器

(3) 積分器

図 4.20 の回路は，時間領域で見れば積分を行うのと等価な動作をするので積分器と呼ばれている．

回路の解析を行う．$Z_1=R$, $Z_2=1/sC$ であるので，式(4-35)より，

$$G(s)=-\frac{Z_2}{Z_1}=-\frac{1}{sCR} \tag{4-36}$$

となる．特に，

$$CR=T \tag{4-37}$$

とおき，これを時定数と呼ぶ．次定数は，時間のディメンションを持つ．時定数を用いて伝達関数を書き直すと，

$$G(s)=-\frac{1}{sCR}=-\frac{1}{Ts} \tag{4-38}$$

となる．

式(4-38)の伝達関数はマイナスの符号がついているが，「積分器」の特性としてはマイナスなしの形で覚えておいた方がよい．反転増幅器で積分器を作ったから，反転して位相が 180 度ずれマイナスがついただけ，としておく．

繰り返しになるが，オペアンプを用いた回路設計において，「反転」はあまり意識しないことが多い．反転は交流信号の位相を 180 度ひっくり返すにすぎず，またもう一度反転すれば元に戻るからである．回路を設計した後で，極性が逆だった，と反転増幅器を 1 つ追加することがよくある．

式(4-38)の伝達関数からマイナス符号をとったものを積分器の特性として書

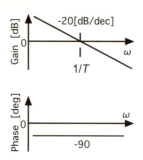

図 4.21 積分器の伝達関数(周波数応答)

くと,

$$G(s) = \frac{1}{sCR} = \frac{1}{Ts} \qquad (4\text{-}39)$$

となる.またこれをボード線図で表すと**図 4.21** となる.ゲインは周波数が上がるにつれ下がり,その傾きは $-20[\mathrm{dB/dec}]$ である.逆に周波数が下がるとゲインは上がり,直流でのゲインは理論的には∞となる.位相は常に -90 [deg] である.ただし反転増幅器を用いた場合は反転して $+90[\mathrm{deg}]$ となる.

(4) ローパスフィルタ(一次)

図 4.22 の回路は,積分器のコンデンサに並列に抵抗が入った回路である.低い周波数は透過し,高い周波数は減衰させる特性を持つので,ローパスフィルタと呼ばれている.伝達関数としては,一次遅れの形となる.

回路の解析を行う. $Z_1 = R_1$, $Z_2 = R_2 /\!/ \dfrac{1}{sC} = \dfrac{R_2 \cdot \dfrac{1}{sC}}{R_2 + \dfrac{1}{sC}} = \dfrac{R_2}{sCR_2 + 1}$ であるので,式(4-35)より,

$$G(s) = -\frac{Z_2}{Z_1} = -\frac{R_2}{R_1} \cdot \frac{1}{sCR_2 + 1} \qquad (4\text{-}40)$$

となる.

さらに $R_2/R_1 = K$, $CR_2 = T$ とおき,また反転増幅器ゆえについているマイ

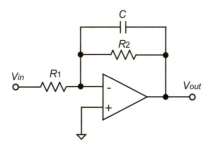

図 4.22　ローパスフィルタ（一次）

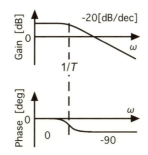

図 4.23　ローパスフィルタ（一次）の伝達関数（周波数応答）

ナスをとって伝達関数を書き直すと，

$$G(s) = \frac{R_2}{R_1} \cdot \frac{1}{sCR_2+1} = \frac{K}{Ts+1} \tag{4-41}$$

となる．

式(4-41)の伝達関数をボード線図で示すと，**図 4.23** となる．時定数の逆数 $1/T$ の周波数を，折れ点周波数，あるいはカットオフ周波数と呼ぶ．折れ点周波数まではゲインは K でフラットであり，それ以上の周波数では周波数が上がるにつれゲインが下がり，その傾きは $-20[\mathrm{dB/dec}]$ である．位相は折れ点周波数付近までは $0[\mathrm{deg}]$ で，それ以上の周波数では $-90[\mathrm{deg}]$ に漸近する．

フィルタとして見た場合，折れ点周波数までの信号はそのまま透過させ，それ以上の周波数成分を低減させるローパスフィルタとなる．折れ点周波数までを単に周波数帯域と呼ぶこともある．この回路は，計測において高い周波数の

ノイズを低減させるために,非常によく用いられる回路である.

(5) 微分器

図4.24の回路は,時間領域で見れば微分を行うのと等価な動作をするので微分器と呼ばれている.

回路の解析を行う.$Z_1=1/sC$,$Z_2=R$であるので,式(4-35)より,

$$G(s)=-\frac{Z_2}{Z_1}=-sCR \tag{4-42}$$

となる.

式(4-42)の伝達関数からマイナス符号をとり,時定数を用いて微分器の特性として書くと,

$$G(s)=sCR=Ts \tag{4-43}$$

となる.

さらにこれをボード線図で表すと**図4.25**となる.ゲインは周波数が上がる

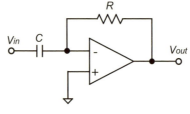

図4.24 微分器

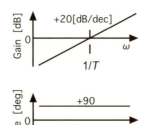

図4.25 微分器の伝達関数(周波数応答)

につれ上がり，その傾きは 20[dB/dec] である．逆に周波数が下がるとゲインも下がり，直流でのゲインは理論的にはゼロとなる．位相は常に $+90$[deg] である．ただし反転増幅器を用いた場合は反転して -90[deg] となる．

(6) ハイパスフィルタ（一次）

図 4.26 の回路は，微分器のコンデンサに直列に抵抗が入った回路である．前述のローパスフィルタとは逆に，高い周波数は透過し，低い周波数は減衰させる特性を持つので，ハイパスフィルタと呼ばれている．

回路の解析を行う．$Z_1 = R_1 + \dfrac{1}{sC} = \dfrac{sCR_1+1}{sC}$，$Z_2 = R_2$ であるので，式(4-35)より，

$$G(s) = -\frac{Z_2}{Z_1} = -\frac{R_2}{R_1} \cdot \frac{sCR_1}{sCR_1+1} \tag{4-44}$$

となる．

さらに，$R_2/R_1 = K$，$CR_1 = T$ とおき，また反転増幅器ゆえについているマイナスをとって伝達関数を書き直すと，

$$G(s) = \frac{R_2}{R_1} \cdot \frac{sCR_1}{sCR_1+1} = \frac{KTs}{Ts+1} \tag{4-45}$$

となる．

式(4-45)の伝達関数をボード線図で示すと，図 4.27 となる．ローパスフィルタと同様，時定数の逆数 $1/T$ の周波数を，折れ点周波数あるいはカットオ

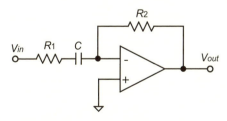

図 4.26 ハイパスフィルタ（一次）

第4章 信号の処理〜アナログ信号の加工〜

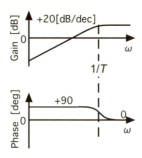

図 4.27 ハイパスフィルタ（一次）の伝達関数（周波数応答）

フ周波数と呼ぶ．折れ点周波数以上ではゲインは K でフラットであり，それ以下の周波数では周波数が下がるほどゲインが下がり，その傾きは 20[dB/dec] である．位相は折れ点周波数以上では 0[deg] で，それ以下の周波数では 90[deg] に漸近する．

フィルタとしてみた場合，折れ点周波数以上の信号はそのまま透過させ，それ以下の周波数成分を低減させるハイパスフィルタとなる．この回路は，直流成分をカットするいわゆる「DC カット」によく用いられる回路である．また微分器は，高い周波数を微分しすぎるとノイズに弱くなる．そのため，この回路は高い周波数での増幅率を抑えた微分器として用いられることが多い．

（7） 微分器，積分器のまとめ

これまで出てきた積分器や微分器など周波数特性を持つオペアンプ回路を**表 4.1** にまとめる．ただし反転増幅器による位相の「反転」に関しては，無視して書いている．それぞれの項目について，伝達関数，ボード線図で表された周波数特性，それを実現する回路が，ぱっと頭に浮かぶようにして欲しい．

（8） 抵抗とコンデンサによるフィルタ回路とバッファ

抵抗とコンデンサにより周波数特性を持つ回路，例えばさまざまなフィルタ回路を構成することがよくある．しかしこの回路は，後段の回路のインピーダンスにより影響を受け，特性が変化してしまう．そこで通常，抵抗とコンデン

4.1 アナログ信号の増幅

表 4.1 周波数特性を持つオペアンプ回路のまとめ

	積分器	ローパスフィルタ（ 次）	微分器	ハイパスフィルタ（ 次）
伝達関数	$\dfrac{1}{Ts}$	$\dfrac{K}{Ts+1}$	Ts	$\dfrac{KTs}{Ts+1}$
ボード線図	-20[dB/dec], -90	-20[dB/dec], -90	+20[dB/dec], +90	+20[dB/dec], +90
回路	(R, C, オペアンプ)	(R1, R2, C, オペアンプ)	(C, R, オペアンプ)	(R1, C, R2, オペアンプ)

サによる回路は入力インピーダンスの高いバッファで受けるようにして，特性変化をしないようにする．ちなみに前段は，オペアンプの出力のような，出力インピーダンスの低い電圧源が接続されるため，特性に与える影響は少ない．

図 4.28 は，抵抗とコンデンサによるローパスフィルタを，バッファで受けたものである．

オペアンプの出力は，非反転入力の電圧と等しくなるため，

$$G(s) = \frac{V_{out}}{V_{in}} = \frac{\dfrac{1}{sC}}{R+\dfrac{1}{sC}} = \frac{1}{sCR+1} = \frac{1}{Ts+1} \quad (4\text{-}46)$$

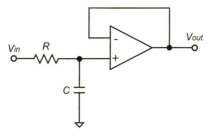

図 4.28 抵抗，コンデンサによるローパスフィルタとバッファ

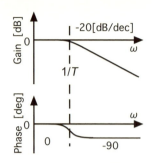

図 4.29　ローパスフィルタの伝達関数（周波数応答）

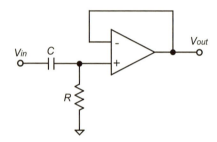

図 4.30　抵抗，コンデンサによるハイパスフィルタとバッファ

となる．この特性のボード線図で表すと，**図 4.29** となる．

図 4.30 は，抵抗とコンデンサによるハイパスフィルタを，バッファで受けたものである．

オペアンプの出力は，非反転入力の電圧と等しくなることから，

$$G(s) = \frac{V_{out}}{V_{in}} = \frac{R}{R + \frac{1}{sC}} = \frac{sCR}{sCR+1} = \frac{Ts}{Ts+1} \qquad (4\text{-}47)$$

となる．この特性のボード線図で表すと，**図 4.31** となる．

(9)　位相遅れ/位相進み回路

図 4.32 は，位相遅れと呼ばれる回路である．図 4.28 のローパスフィルタで，コンデンサに直列に抵抗を挿入した形となっている．

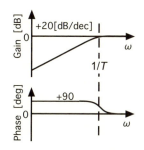

図 4.31 ハイパスフィルタの伝達関数（周波数応答）

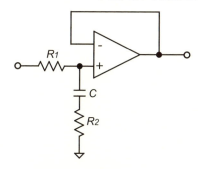

図 4.32 位相遅れ

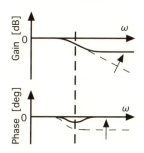

図 4.33 位相遅れの伝達関数（周波数応答）

　この回路について，定性的な解析をしておく．コンデンサは，周波数が上がるにつれてインピーダンスが低下する．しかしこの回路では，コンデンサに直列に抵抗 R_2 が挿入されているため，周波数が上がっても抵抗は R_2 までしか小さくならない．

　図 4.32 の回路のボード線図の概略を**図 4.33** に示す．点線は，図 4.29 に示し

第4章 信号の処理〜アナログ信号の加工〜

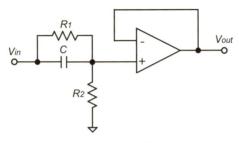

図 4.34　位相進み

たローパスフィルタの特性である．コンデンサに直列に挿入された抵抗 R_2 の効果で高い周波数でゲインがフラットに戻っている．位相も，周波数が上がるにつれ一度遅れ始めるが，また 0 度に戻っている．ゲインの傾きが最大のところで，位相が最も遅れる．

位相遅れ回路は，位相を遅らせること自体を目的として用いられることはほとんどない．フィードバック回路で低域のゲインを持ち上げ，振動などの外乱の抑圧比を上げるために，よく用いられる．

図 4.34 は，位相進みと呼ばれる回路である．図 4.30 のハイパスフィルタで，コンデンサに並列に抵抗を接続した形となっている．

この回路についても，まず定性的な解析をしておく．コンデンサは，低い周波数ではインピーダンスが大きくなる．しかしこの回路では，コンデンサに並列に抵抗 R_1 が挿入されているため，低い周波数でも抵抗は R_1 より大きくならない．

図 4.34 の回路のボード線図の概略を図 4.35 に示す．点線は，図 4.31 に示したハイパスフィルタの特性である．コンデンサに並列に接続された抵抗 R_1 の効果で，低い周波数でゲインがフラットとなる．位相も 0 度からスタートし，周波数が上がるにつれ一度進み始め，再び 0 度に戻る．ゲインの傾きが最大のところで，位相が最も進む．

位相進み回路は，フィードバック回路でゼロクロス点付近の位相を進ませ，フィードバックを安定化させることを目的として，非常によく用いられる回路

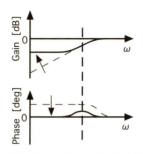

図 4.35 位相進みの伝達関数（周波数応答）

である．

図 4.34 の位相進み回路について，解析しておく．オペアンプの出力は，非反転入力の電圧と等しくなることから，

$$G(s) = \frac{V_{out}}{V_{in}} = \frac{R_2}{\dfrac{R_1 \cdot \dfrac{1}{sC}}{R_1 + \dfrac{1}{sC}} + R_2} = \frac{R_2}{\dfrac{R_1}{sCR_1+1} + R_2} = \frac{R_2(sCR_1+1)}{R_1+R_2+sCR_1R_2}$$

(4-48)

となる．ここで式の見通しをよくするために，

$$K = \frac{R_2}{R_1+R_2}, \quad \alpha = \frac{1}{\sqrt{K}}, \quad T = CR_1\sqrt{K} \tag{4-49}$$

とすると，

$$G(s) = \frac{R_2(sCR_1+1)}{R_1+R_2+sCR_1R_2} = \frac{R_2}{R_1+R_2} \cdot \frac{sCR_1+1}{sC\dfrac{R_1R_2}{R_1+R_2}+1} = K\frac{\alpha Ts+1}{\dfrac{1}{\alpha}Ts+1}$$

(4-50)

となる．

式(4-49)の伝達関数の概形をボード線図に書くと，**図 4.36** となる．低域のゲインは $20\log K$ [dB]，高域では 0 [dB] となる．$1/T$ の周波数で位相は最も進む．式(4-50)で $s=j\omega$ と置き，さらに $\omega=1/T$ とすることで，最大の位相進

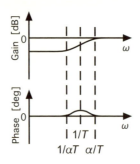

図4.36 位相進みの伝達関数（周波数応答）

み量 ϕ を表す次の式が求められる．

$$\phi = \tan^{-1}\left[\frac{1}{2}\left(\alpha - \frac{1}{\alpha}\right)\right] \tag{4-51}$$

通常の位相補償では，α の値は 2〜3 程度とすることが多い．$\alpha=2$ のとき ϕ は約 37[deg]，$\alpha=3$ のとき 53[deg] となる．

4.1.4 回路とボード線図の見方

(1) 回路の見方

周波数特性のある回路を見るとき，コンデンサは周波数が上がるとインピーダンスが下がりコイルはその逆，ということを頭に入れておけば，だいたいの動作はわかる．特にコイルはあまり出てこないので，コンデンサのインピーダンスが低周波では高く，高周波では低くなるという観点で回路を見るとよい．

前述の図 4.34 の位相進み回路は，低い周波数ではコンデンサのインピーダンスが高いため**図 4.37** と等価，高い周波数では逆に低いため**図 4.38** と等価となる．ゲインは，図 4.37 では $R_2/(R_1+R_2)$ 倍，図 4.38 では 1 倍である．従ってボード線図は図 4.36 の通りにしかなりようがない．

またこれは，伝達関数で考えてもよい．式(4-50)で，$s \to 0$ とすると式(4-52)，$s \to \infty$ とすると式(4-53)になる．これらのことからボード線図は図 4.36 となることがわかる．

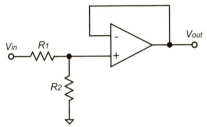
図 4.37　低い周波数での等価回路
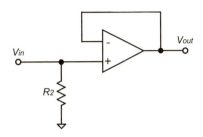
図 4.38　高い周波数での等価回路

$$G(s) = K = \frac{R_2}{R_1 + R_2} \tag{4-52}$$

$$G(s) = K\alpha^2 = 1 \tag{4-53}$$

もう一つの例として，図 4.22 のローパスフィルタを考えてみる．低い周波数ではコンデンサのインピーダンスが高いため**図 4.39** と等価，高い周波数では逆に低くなるため抵抗が見えなくなり**図 4.40** と等価となる．従って低い周波数では一定倍率の増幅器，高い周波数では積分器の特性となる．

やはりこれも伝達関数で考えてもよい．式(4-41)で，s を小さくしていくと式(4-54)，s を大きくしていくと式(4-55)に近づくことなる．これらのことからボード線図は図 4.23 となる．

$$G(s) = K = \frac{R_2}{R_1} \tag{4-54}$$

$$G(s) = \frac{K/T}{s} = \frac{1/CR_1}{s} \tag{4-55}$$

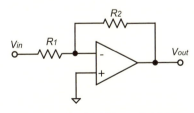
図 4.39　低い周波数での等価回路
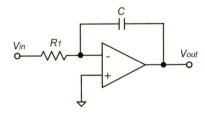
図 4.40　高い周波数での等価回路

(2) ボード線図の見方

回路だけでなくボード線図についても，簡単な見方を覚えているとよい．伝達関数とそのボード線図の関係は，基本的なものは覚えておく必要があるが，それ以外は次のことを知っているとだいたいの形がわかる．

a) 伝達関数の逆数はボード線図の反転
b) 伝達関数のかけ算はボード線図の重ね合わせ

伝達関数のブロックを複数つなげることは，伝達関数のかけ算をすることになる．従って，上記の b) は特に重要である．

言葉より図を見た方がイメージがわきやすい．表 4.1 の表をもう一度見て欲しい．積分器と微分器の伝達関数は，お互いに逆数の関係である．ゲイン特性は傾きが反転しているし，位相特性も反転している．ハイパスフィルタは，ローパスフィルタと微分器のかけ算である．ゲイン特性は重ね合わせて，低域が 20[dB/dec]，高域が -20 と $+20$ が重なって 0[dB/dec] となる．位相特性も重ね合わせになっていて，ローパスフィルタの位相特性が，微分器の分，90[deg] シフトした形になっている．

それでは，表 4.1 の積分器とローパスフィルタを接続したらどうなるか．伝達関数上はかけ算になり，ボード線図はおおよそ図 4.41 のようになる．

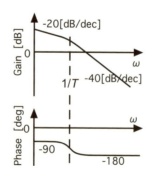

図 4.41 積分器とローパスフィルタの直列接続の伝達関数（周波数応答）

4.1.5 応用回路

(1) 計装アンプ

信号の処理の中で，特に計測によく出てくる回路に計装アンプがある．微小な差動またはフローティング信号を計測したり増幅したりするために用いられるものである．

ひずみゲージを用いてホイートストンブリッジを構成し，その出力を増幅することを考えよう．ホイートストンブリッジについては，力センサの節で詳述する．**図 4.42** は，1 ゲージ法のブリッジの出力を差動増幅器に接続し，増幅する構成である．しかしこの構成は，注意して用いる必要がある．ひずみゲージの抵抗と比べ，オペアンプの抵抗を十分大きくしておかなければならない．

ひずみゲージの抵抗 R に対してオペアンプ側の抵抗 R_1 が同じ程度の抵抗値であると，ブリッジの動作がオペアンプの影響を受けてしまう．オペアンプは 2 つの入力端子の電圧を同じにするよう動作するので，ブリッジの出力が引っ張られ，小さくなってしまうのである．具体的な例では，ひずみゲージの抵抗を一般的な 120 [Ω] とすると，オペアンプ側の抵抗 R_1 は少なくとも 2 桁，10 [kΩ] 以上にしておくことが望ましい．精度が要求される場合には，より大きな抵抗とする必要がある．

ひずみゲージの抵抗 R に対してオペアンプ側の抵抗 R_1 が十分大きい場合，

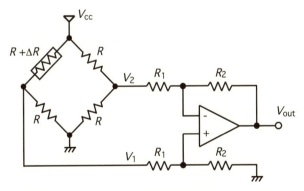

図 4.42 ひずみゲージ出力の差動増幅器による増幅

第4章 信号の処理〜アナログ信号の加工〜

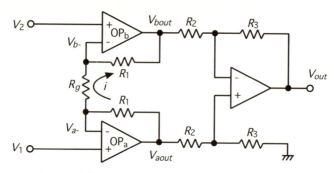

図4.43 計装アンプ（インスツルメンテーションアンプ）

増幅器の出力は，

$$\frac{V_{out}}{V_{cc}} = \frac{\Delta R}{4R} \cdot \frac{R_2}{R_1} = \frac{R_2}{4R_1} K\varepsilon \tag{4-56}$$

で表される．ただしこの例は1ゲージ法である．

使い方に注意が必要な差動増幅器の代わりに，**図4.43**に示す計装アンプ（インスツルメンテーションアンプ）がよく用いられる．入力が直接オペアンプに接続されているため，インピーダンスが高く（数百 [MΩ] を超える），ほとんど電流が流れ込まない．そのため，ブリッジに影響を与えることが少なく，精度のよい計測が可能となる．実際の回路は，図4.42の差動増幅器の部分を，図4.43の計装アンプに置き換えればよい．

図4.43の回路の動作を解析する．オペアンプの入力には電流が流れ混まないとすると，OP_a の抵抗 R_1，抵抗 R_g，OP_b の抵抗 R_1 を流れる電流は等しく，これを i とする．オペアンプの2つの入力端子の電圧は等しいとすると，OP_a，OP_b の反転入力の電圧 V_{a-}，V_{b-} は，それぞれ，

$$V_{aout} = V_{a-} + iR_1 = V_1 + iR_1, \quad V_{bout} = V_{b-} - iR_1 = V_2 - iR_1 \tag{4-57}$$

となる．また抵抗 R_g に着目して流れる電流を求めると，

$$i = \frac{V_{a-} - V_{b-}}{R_g} = \frac{V_1 - V_2}{R_g} \tag{4-58}$$

これらの式より，

$$V_{aout} - V_{bout} = \left(1 + \frac{2R_1}{R_g}\right)(V_1 - V_2) \tag{4-59}$$

となる．さらに後段の差動増幅器まで考えると，

$$V_{out} = \frac{R_3}{R_2}(V_{aout} - V_{bout}) = \frac{R_3}{R_2}\left(1 + \frac{2R_1}{R_g}\right)(V_1 - V_2) \tag{4-60}$$

となる．

「計装」という名の由来は，この回路が装置や設備の圧力や温度を測定するための回路として最適化されたからである．ひずみゲージのブリッジだけでなく，センサが検出した微弱な信号を，雑音を低く抑えながら増幅することができる．実際に図4.43の回路を組むことは少なく，半導体メーカーから市販されているICを用いることが多い．

(2) 高次のローパスフィルタ

これまでに一次のローパスフィルタ回路を述べたが，さらに急峻な遮断特性が必要なときには，二次以上の高次のローパスフィルタを用いる．このとき多く用いられるのが，サレン・キーと呼ばれる回路である．サレン・キーとは，考案者2人の名前である．

基本的な，二次のサレン・キー型ローパスフィルタについて述べる．フィルタの特性は，

$$G(s) = \frac{K\omega^2}{s^2 + 2\zeta\omega_n s + \omega_n^2} \tag{4-61}$$

で表されるとする．この特性は，第2章で示した二次遅れ系（二次遅れ要素）の伝達関数そのものである．この特性を実現する回路を，**図4.44**に示す．RC回路と，ボルテージフォロワを用いたものである．この回路において，

$$\omega_n = 1/RC, \quad C_1 = C/\zeta, \quad C_2 = 1/\zeta C \tag{4-62}$$

となるようにR, C_1, C_2を決めればよい．ただしこの回路では，$K=1$となる．

この特性を実現するもう一つの回路を**図4.45**に示す．ボルテージフォロワの代わりに非反転増幅器を用いたものである．この回路において，

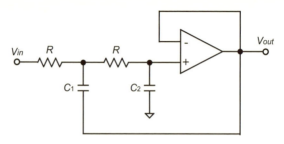

図 4.44 サレン・キー型ローパスフィルタ(ボルテージフォロワ)

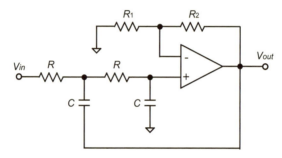

図 4.45 サレン・キー型ローパスフィルタ(非反転増幅器)

$$\omega_n = 1/RC, \quad K = 1 + R_2/R_1 = 3 - 2/\zeta \tag{4-63}$$

となるように R, C, R_1, R_2 を決めればよい.

ちなみに,式(4-61)において,$\zeta = \sqrt{2}/2$ とするとバタワース特性となり,その伝達関数は,

$$G(s) = \frac{K\omega_n^2}{s^2 + \sqrt{2}\,\omega_n s + \omega_n^2} \tag{4-64}$$

となる.また $\zeta = \sqrt{3}/2$ とするとベッセル特性となり,その伝達関数は,

$$G(s) = \frac{K\omega_n^2}{s^2 + \sqrt{3}\,\omega_n s + \omega_n^2} \tag{4-65}$$

となる.

4.2 周波数変換とロックインアンプ

本節では，アナログ信号を処理する手法として，周波数を変換するヘテロダインの技術と，それを計測に応用したロックインアンプについて解説する．

4.2.1 ヘテロダイン

ヘテロダインとは，2つの異なった周波数をかけることで，2つの周波数の和と差の周波数を作る技術である．周波数を変換するときに，必ず出てくる手法である．また周波数が変わるため，非線形システムである．

ヘテロダインを行う回路は，ミキサ，マルチプレクサ，混合器，周波数変換器，乗算器など，使用される状況によりさまざまな呼ばれ方をする．数学的にはサイン波（コサイン波）どうしのかけ算であり，原理は簡単である．回路は，一つの周波数をもう一つの周波数でスイッチング（反転スイッチング）することで実現できる．

ヘテロダインの技術は，古くはラジオ受信機，最近では携帯電話など，電波を使う機器では普通に用いられている．周波数を変換する理由の一つは，信号を大きなゲインで増幅するためである．特に高周波信号の場合，周波数を変えずに大きなゲインで増幅すると，信号が回り込んで発振を起こしやすい．そのため，周波数を変えて各段で増幅することで，全体として大きなゲインでの増幅を可能としている．

図 4.46 は，スーパーヘテロダインと呼ばれるラジオの一部のブロックダイアグラムである．アンテナから入った信号は，高周波増幅された後，局部発振器からの信号と混合され中間周波数に変換される．混合というと加算のように聞こえるが，数学的にはかけ算である．中間周波数の信号はバンドパスフィルタを通り中間周波増幅され，後段へと伝えられる．高周波増幅，中間周波増幅と，周波数を変えて増幅することで，安定して大きな増幅を行うことができる．中間周波数は固定された周波数であり，ラジオだと例えば 455[kHz] や

第4章 信号の処理〜アナログ信号の加工〜

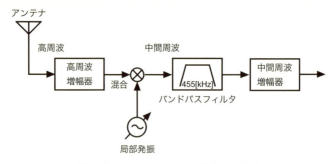

図 4.46　スーパーヘテロダインラジオ

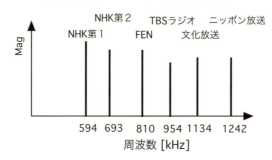

図 4.47　関東地区の中波ラジオ局

10.7[MHz] に選ばれることが多い．中間周波数でバンドパスフィルタを通すことで，受信したい信号の選局を行う．**図 4.47** は，関東地区での AM ラジオ局（中波ラジオ放送局）の周波数である．例えば 954[kHz] の TBS ラジオを聞きたいとき，局部発振で 499[kHz] を発振させると，信号は 455[kHz] に変換される．バンドパスフィルタで 455[kHz] の信号以外はカットされるので，TBS ラジオの信号だけが増幅される（**図 4.48**）．このとき，954＋499＝1453 [kHz] の信号も生成されるが，この信号はバンドパスフィルタを通ることができない．

　ヘテロダインの原理は，前述のように，数学的にはかけ算となる．式(4-66) に示すように，2 つの周波数信号をかけ合わせると，それぞれの和と差の周波数が生成される．線形システムでは，入力に対する出力は，位相と振幅は変わるけれども周波数が変わることはなかった．ヘテロダインは周波数が変わるた

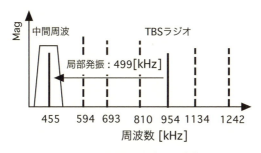

図 4.48　中間周波数への変換

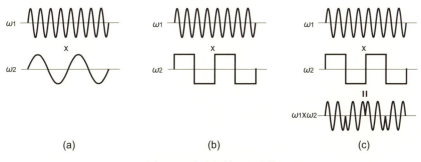

図 4.49　交流信号のかけ算

めこれに当てはまらず,非線形システムである.

$$\cos\omega_1 t \cdot \cos\omega_2 t = \frac{\cos(\omega_1-\omega_2)t + \cos(\omega_1+\omega_2)t}{2} \quad (4\text{-}66)$$

異なった周波数でかけ算することをヘテロダインと呼ぶのに対し,同じ周波数でかけ算することをホモダインと呼ぶ.後述のロックインアンプ,同期検波と呼ばれる方式や,ダイレクトコンバージョンと呼ばれる放送電波を直接可聴音に変換する方式は,原理的にはホモダインである.

4.2.2　周波数変換の回路

周波数変換はどのような回路で行われるか,考えてみよう.**図 4.49** は,2つの信号をかけ合わせる例である.図 4.49(a) は,周波数が ω_1 と ω_2 の2つの信号のかけ算である.このうち例えば ω_2 の信号を方形波で近似すると,図 4.49

(b)となる．方形波をかけるということは，ω_1 の信号を交互に反転させていることになるから，結局かけ算は図 4.49(c)となる．すなわち，周波数変換をするかけ算動作は，1つの信号を，もう1つの信号の周波数で交互に反転させる，スイッチング動作であることがわかる．

スイッチング動作をする回路は，トランジスタなどを用いるアクティブなものと，ダイオードを用いるパッシブなものがある．**図 4.50** は後者の例で，DBM（Double Balanced Mixer）と呼ばれる回路である．

ダイオードは，順方向に電流を流したときオンになり，信号を通過させる．そこで，2つのトランスと4つのダイオードにより，図 4.50 の回路を構成して

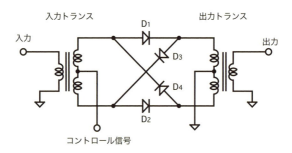

図 4.50　DBM（Double Balanced Mixer）回路

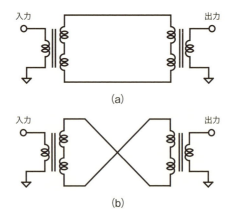

図 4.51　DBM 回路の動作

おく．その動作を**図 4.51** で説明する．コントロールポートにかける電圧の正負により，ダイオードに流れる電流が切り替わる．コントロールポートの電圧が正のときは D_1, D_2 がオンになり，図 4.51(a) と等価となる．負のときは D_3, D_4 がオンになり，今度は図 4.51(b) と等価となる．コントロールポートに交流信号を加えることで，2 つのトランスの接続は高速に反転される．これにより，図 4.49(c) の動作が実現できる．

4.2.3　ロックインアンプ

ロックインアンプは，周波数変換の技術を計測に応用したもので，バックグラウンドノイズの多い中で微小な信号を高い S/N で検出することができる手法である．

例えば，太陽光の下で，小さな電球の発する光量を計測することを考える．そのまま計測したのでは，太陽光がバックグラウンドノイズになって，電球の光量はよくわからない．そこで電球をオンオフして，電球の光だけ高い周波数となるように変調する．その変調された成分だけを検出すれば，小さな電球の光量を知ることができる．

アンプというと装置の名前のようであるが，実際は信号計測の手法のことである．計測対象の信号を変調し高い周波数に変換して，さらに変調したのと同じ周波数をかけて低周波信号に変換する．手法的には，ホモダインあるいは同期検波である．

ロックインアンプは，計測対象の信号をわざわざ高い周波数に変換して，さらにもう一度低い周波数に戻して計測する．このような処理をするのは，

a）雑音の少ない高い周波数に変換して計測できること

b）狭帯域のローパスフィルタが使えること

のという 2 つの利点があるからである．

まず a) に関して，外来雑音レベルは，低い周波数で高く，高い周波数で低くなる傾向がある．そこで**図 4.52** のように，計測対象信号を変調して高い周波数に変換することで，ノイズの少ない状態で計測を行う．また高い周波数で

第4章 信号の処理〜アナログ信号の加工〜

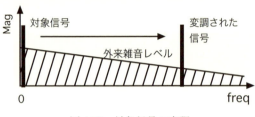

図 4.52 対象信号の変調

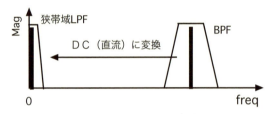

図 4.53 変調信号の直流への変換

計測を行うことは，50[Hz]あるいは60[Hz]の電源ノイズの影響をなくすことにも有効である．次にb) に関して，図4.53のように信号を直流付近に変換することで，BPFの代わりにLPFを使うことができる．BPFと比べてLPFは狭帯域化することが可能で，帯域を狭めて雑音電力を小さくでき，高S/N化をはかることができる．

具体的には，通常パッシブなBPFでは，Qは10～100程度である．これを例えば10[KHz]でロックインをかけてLPFのカットオフ周波数を0.1[Hz]とすれば，実効的なQは1,000,000となる．ただしカットオフ周波数を下げて帯域を狭くするとそれだけ動的な信号が検出できなくなるので，結局，必要帯域とのトレードオフとなる．従って，広帯域の信号を検出する必要があるときには，ロックインアンプの効果はa) の雑音の少ない高い周波数で計測できること，である．

ロックインアンプの動作を式で追っておく．計測対象を信号 a とする．これを，変調して高い周波数に変換した信号を，次の式で表す．

$$a\cos(\omega t + \phi_1) \tag{4-67}$$

正確には計測対象の信号 a は時間変動するので $a(t)$ と書くべきであるが，その変化する周波数は変調周波数 ω に比べ十分低いとし，a のままにしておく．この信号を同じ周波数，

$$\cos(\omega t + \phi_2) \tag{4-68}$$

の信号を掛けてヘテロダインすると，その出力は，

$$a\cos(\omega t + \phi_1)\cdot\cos(\omega t + \phi_2) = \frac{a}{2}[\cos(\phi_1 - \phi_2) + \cos(2\omega t + \phi_1 + \phi_2)] \tag{4-69}$$

となる．この式から，直流付近に変換された成分と，2倍の周波数に変換された成分があることがわかる．2倍の周波数成分は LPF でカットされるので，

$$\frac{a}{2}\cos(\phi_1 - \phi_2) \tag{4-70}$$

の信号が残る．位相を調整して $\phi_1 = \phi_2$ となるようにすれば，計測対象信号の成分 $a/2$ が検出できることになる．

ロックインアンプの構成を図 **4.54** に示す．測定信号は変調された周波数での BPF を通り，PSD（Phase Sensitive Detector）で参照信号とかけ算処理される．かけ算の部分は前節で述べた周波数変換の回路であるが，ロックインアンプの場合は PSD と呼ばれることが多い．PSD からの信号は狭帯域の LPF を通り，出力となる．移相回路は，参照信号の位相をずらして，測定信号と参照信号の位相を調整する回路である．

PSD の構成を，図 **4.55** に示す．測定信号そのままと，測定信号を反転させ

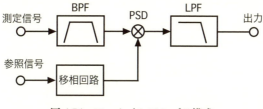

図 **4.54** ロックインアンプの構成

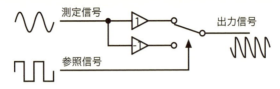

図 4.55　PSD（Phase Sensitive Detector）

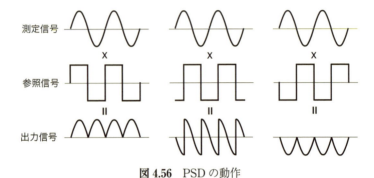

図 4.56　PSD の動作

た信号を作っておき，参照信号でスイッチングを行う．原理的には，前節で述べた DBM と同じである．

　ロックインアンプにおける PSD の動作波形の例を，図 4.56 に示す．測定信号と参照信号の位相によって，出力の様子が変わる．通常は位相差がゼロとなるようにする．

　1 相のロックインアンプは測定信号と参照信号の位相を調整して出力が最大となるようにするが，2 相のロックインアンプでは，位相調整なしに，測定信号の振幅を求めることができる．2 相のロックインアンプは，コサイン相とサイン相を用いて同期検波を行う，直交検波と呼ばれる手法を用いている．直交検波については，変調の節で述べる．

　ロックインアンプの動作を周波数で考えると，次のようになる．ロックインをするために変調をかけると，信号は搬送波を計測したい信号で振幅変調したことになり，搬送波の上下に側波帯が生じる．例えば 0〜1[Hz] の信号を 1[kHz] で変調すると，スペクトルは 1[kHz] を中心に ±1[Hz] 広がる．ロッ

クインをかけてヘテロダインすると，2つの側波帯は周波数ゼロで折り返されて重なる．

4.3 変　調

情報をある場所から別の場所へ移動させることは，しばしば行われている．工学的な言葉で言うと，情報やデータを，一方の装置から他方の装置へ移動させることである．このとき，情報やデータを別の形に変えて伝えること伝送という．無線や光通信などでは，電波や光などの搬送波を変調して情報をのせた信号を送出し，受け取った信号を復調して情報を取り出す．

4.3.1　変調と復調

情報を伝送するためには，搬送波を変調して情報をのせた信号を送出し，受け取った信号を復調して情報を取り出す．搬送波として代表的なものは高周波（空間を伝播するものは電波）であり，我々の身近なところでは数100[kHz]の中波から，数 [GHz] のマイクロ波がよく用いられている．また光を搬送波として用い，光ファイバ網を介して情報を伝送することも広く行われている．

　変調（modulation）とは，情報を記録したり伝送したりするときに，情報を電気信号に変換する操作のことである．無線通信では，ある周波数の電波（搬送波）を発生し，その電波に情報に応じた変化（電波の断続，強度の変化，周波数の変化等）を与える操作のことを意味する．搬送波（carrier）とは，情報を伝送するときに使用する媒体で，電波や光，音波など，に情報を乗せて伝送するために利用する波動のことである．復調（demodulation）とは，変調された電波から元の情報を取り出す操作である．

　図4.57 に，情報を伝送するためのシステムの構成を示す．伝送路に信号を送り出す装置を送信機（Transmitter），伝送路からの信号を受け取る装置を受信機（Receiver）と呼ぶ．送信機と受信機の機能をあわせ持った機器は，送受信機（Transceiver）または変復調器（MODEM, modulator-demodulator）と

第4章 信号の処理〜アナログ信号の加工〜

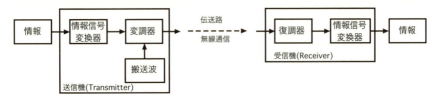

図 4.57　情報を伝送するシステム

呼ばれる．

　送信機は，受け取った情報を伝送に適した形に変換する．これを符号化という．符号化には，情報源符号化と伝送路符号化（通信路符号化）がある．前者は例えば画像や音声などのサンプリングや圧縮であり，情報に質に応じて符号化手法が選択される．後者は例えば伝送路の帯域や雑音特性など，情報を送る伝送路の性質に応じた誤り検出など，情報源符号化された情報を再度符号化するものである．符号化された情報は，変調器により，搬送波の上に重畳される．変調された搬送波は，伝送路に送出される．

　受信機は，送信機と逆の動作をする．伝送路から受け取った搬送波から，元の信号を取り出す．この動作を復調と呼ぶ．さらにこの信号から，元の情報を取り出す．このことを復号化と呼ぶ．復号化にも伝送路復号化と情報源復号化があり，例えば前者は伝送路で生じた誤りを訂正し，後者は情報を伸張して情報を再生することに相当する．

　伝送の方式は，変調の方式で呼称されることが多い．例えば搬送波の信号が，
$$S(t) = a\cos(\omega t + \phi) \tag{4-71}$$
であるとする．搬送波の強度を $a(t)$ として変化させる方式を振幅変調，周波数を $\omega(t)$ として変化させる方式を周波数変調，位相を $\phi(t)$ として変化させる方式を位相変調と呼ぶ．

　アナログ信号で変調する場合とデジタル信号で変調する場合があり，前者は単に変調（Modulation），後者はキーイング（Keying）と呼ばれる．その分類を図 4.58 に示す．アナログ変調では振幅変調（AM, Amplitude Modulation）や周波数変調（FM, Frequency Modulation）が多いが，デジタル変調では多

4.3 変調

```
a(t)：振幅変調
    アナログ   AM (Amplitude Modulation)
    デジタル   ASK (Amplitude Shift Keying)
ω(t)：周波数変調
    アナログ   FM (Frequency Modulation)
    デジタル   FSK (Frequency Shift Keying)
φ(t)：位相変調
    アナログ   PM (Phase Modulation)
    デジタル   PSK (Phase Shift Keying)
```

図 4.58　変調方式の分類

値の位相変調（PSK, Phase Shift Keying）が主流となっている．

4.3.2　振幅変調

振幅変調は，搬送波の振幅（強度）を変化させる変調方式で，最も基本的でかつ古くから用いられている方式である．

振幅変調における変調波が次の式で表されるとする．

$$a(t) = a(1 + b\cos\omega_m t) \tag{4-72}$$

ただし ω_m は変調波の周波数で，例えば音声や音楽を例に取ってみればわかるように，通常単一の周波数でなくある帯域を持った信号となる．変調波がある帯域を持つことは，変調方式にかかわらず同様である．式(4-71)の変調波で搬送波を変調すると，

$$S(t) = a(t)\cos\omega_c t = a(1 + b\cos\omega_m t)\cos\omega_c t \tag{4-73}$$

となる．ただし搬送波の周波数を ω_c とし，また搬送波の初期位相をゼロとした．

これらの信号の波形は，**図 4.59** の通りとなる．図で見た方が，振幅変調のイメージがつかみやすい．搬送波のエンベロープが，変調信号で変調されている．

式(4-73)をさらに変形すると，次の通りとなる．

$$S(t) = a(\cos\omega_c t + b\cos\omega_m t \cdot \cos\omega_c t)$$

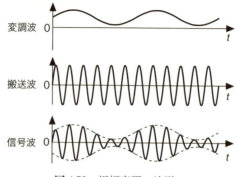

図 4.59　振幅変調の波形

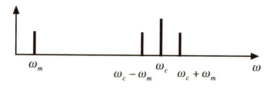

図 4.60　振幅変調のスペクトル

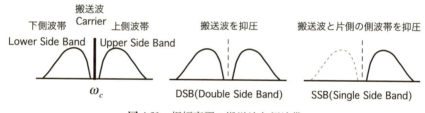

図 4.61　振幅変調の搬送波と側波帯

$$= a\left[\cos\omega_c t + \frac{b}{2}\{\cos(\omega_c+\omega_m)t + \cos(\omega_c-\omega_m)t\}\right] \quad (4\text{-}74)$$

式(4-74)から ω_c, $\omega_c\pm\omega_m$ の3つのスペクトルが立つことがわかる．この様子を図4.60に示す．また変調波 ω_m がある帯域を持った信号とすると，スペクトルは搬送波の両側に側波帯（Side Band）を持った形となる．この様子を図4.61に示す．片側の側波帯だけあれば情報を伝えることができるため，電力効率を上げるために搬送波や片方の側波帯をカットすることがある．搬送波を抑

圧したものを DSB（Double Side Band），搬送波と片方の側波帯を抑圧したものを SSB（Single Side Band）と呼ぶ．

振幅変調の復調には，検波と平滑という処理が行われる．検波はダイオード，平滑はコンデンサ（あるいはローパスフィルタ）により簡単に行うことができる．**図 4.62** は，振幅変調の電波を受信するためのスーパーヘテロダインラジオのブロックダイアグラムである．振幅変調は，後述の同期検波でも復調することができる．

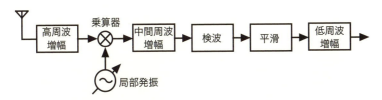

図 4.62 振幅変調の受信機のブロックダイアグラム

4.3.3 周波数変調と位相変調

周波数変調は，搬送波の周波数を変化させる変調方式である．受信信号にある程度の S/N があればノイズの影響を受けにくいため，FM ラジオやアナログテレビの音声放送などに用いられている．復調には，周波数変化を電圧変化に変換する回路が必要となる．

周波数変調は次の式で表される．

$$S(t) = a\cos\{\omega_c + \omega_m(t)\}t \tag{4-75}$$

ただし振幅変調と同様，搬送波の周波数を ω_m，変調波の周波数を ω_c，また搬送波の初期位相をゼロとした．またこれらの信号の波形は，**図 4.63** の通りとなる．振幅は変化せず，周波数が変化する．

周波数変調の復調には，周波数弁別器あるいはディスクリミネータと呼ばれる，周波数変化を振幅の変化に変換する回路が用いられる．**図 4.64** は，周波数変調の電波を受信するための FM ラジオのブロックダイアグラムである．振幅制限器は，周波数変調の復調には必要のない振幅の変動を除く回路である．

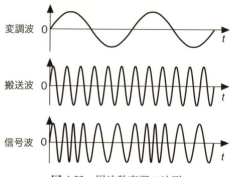

図 4.63　周波数変調の波形

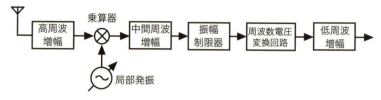

図 4.64　周波数変調の受信機のブロックダイアグラム

　位相変調は，搬送波の位相を変化させる変調方式である．アナログの位相変調はあまり用いられないが，デジタルでは位相変調が主流である．復調は，搬送波と同じ周波数で同期検波することで，復調することができる．
　位相変調は次の式で表される．

$$S(t) = a\cos\{\omega_c t + \phi_m(t)\} \tag{4-76}$$

ただし搬送波の周波数を ω_m，変調波の位相を ϕ_m とした．またこれらの信号の波形は，図 4.65 の通りとなる．振幅は変化せず，位相が変化するが，波形だけ見ていると周波数変調と区別がつかない．
　位相変調の復調には，搬送波の周波数と同じ周波数でヘテロダインをかける同期検波が用いられる．図 4.66 は，位相変調の復調のためのブロックダイアグラムである．
　位相変調の復調を，式(4-77)に示す．搬送波の 2 倍の周波数 $2\omega_c$ の成分は

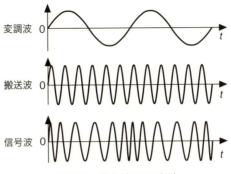

図 4.65　位相変調の波形

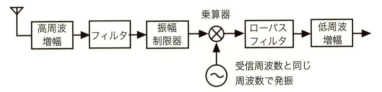

図 4.66　位相変調の受信機のブロックダイアグラム

ローパスフィルタでカットされ，変調位相成分 $\frac{a}{2}\cos\phi_m(t)$ のみが検出される．

$$S(t)\cos\omega_c t = a\cos\{\omega_c t+\phi_m(t)\}\cos\omega_c t$$
$$= \frac{a}{2}[\cos\phi_m(t)+\cos\{2\omega_c t+\phi_m(t)\}] \to \frac{a}{2}\cos\phi_m(t) \quad (4\text{-}77)$$

4.3.4　デジタル変調

デジタル変調は，搬送波を変調する信号が，アナログではなくデジタル信号である．ASK（Amplitude Shift Keying，振幅変調），FSK（Frequency Shift Keying，周波数変調），PSK（Phase Shift Keying，位相変調）がある．昔からある電信は，振幅変調 ASK の一つである．現在のデジタル通信では位相変調 PSK が主に用いられている．これらの波形の様子を，**図 4.67** に示す．

以下，デジタル変調の中で最も用いられる PSK について述べる．

第4章 信号の処理～アナログ信号の加工～

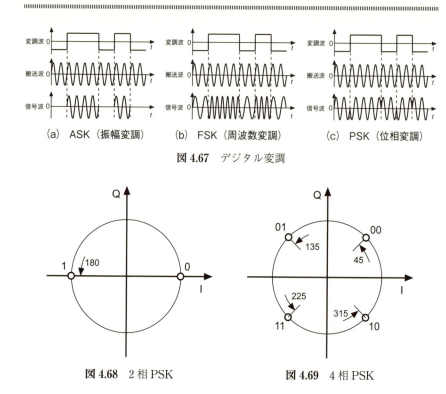

(a) ASK（振幅変調）　(b) FSK（周波数変調）　(c) PSK（位相変調）

図 4.67　デジタル変調

図 4.68　2相 PSK　　　　図 4.69　4相 PSK

PSKでは，搬送波の位相に対する信号の位相が重要となる．位相変調における変調1回あたりの信号をシンボルと呼ぶ．2相 PSK は2つのシンボルを用いる変調方式で，図 4.68 のようにシンボルの位相が180°ずれた（反転した）ものである．また4相 PSK は4つのシンボルを用いる変調方式で，図 4.69 のように各シンボルの位相が90°ずれたものである．

4相 PSK の変調の仕組みを，図 4.70 を用いて説明する．これは，直交変調と呼ばれるものである．4相 PSK は，2ビットの送信データを一組として4つのシンボルに変換する．これらのシンボルは，位相が90°ずれた4つのシンボルで表される．基準となる搬送波と同期した位相軸をI相（In-phase），それと直交した位相をQ相（Quadrature-phase）と呼ぶ．変調には，4つのシンボルに対応するI相，Q相の信号を生成し，さらにそれらをcos信号，sin

4.3 変調

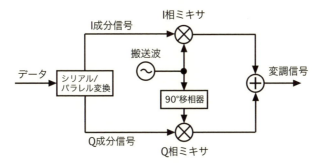

図 4.70 直交変調のブロックダイアグラム

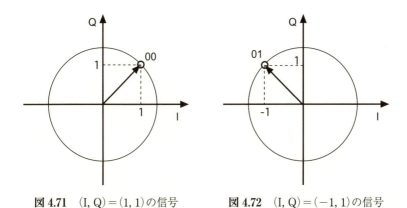

図 4.71 (I, Q) = (1, 1) の信号　　**図 4.72** (I, Q) = (−1, 1) の信号

信号で乗算し,加算することで生成できる.

具体的な例をあげると,(I, Q) = (1, 1) のときには**図 4.71** のような 45 度の信号が,(I, Q) = (−1, 1) のときには**図 4.72** のような 135 度の信号が生成される.

復調は,変調と逆の処理をすればよく,**図 4.73** の直交検波の回路で,cos 信号と sin 信号で同期検波すればよい.

PSK の復調を以下の式で示す.搬送波の 2 倍の周波数 $2\omega_c$ の成分はローパスフィルタでカットされ,I 相,Q 相に対応する変調位相成分 $\frac{a}{2}\cos\phi_m(t)$,$\frac{a}{2}\sin\phi_m(t)$ が検出される.

$$S(t) = a\cos\{\omega_c t + \phi_m(t)\} \tag{4-78}$$

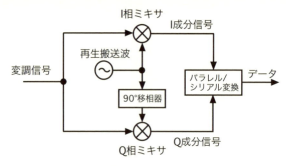

図 4.73　直交検波のブロックダイアグラム

$$S(t)\cos\omega_c t = a\cos\{\omega_c t + \phi_m(t)\}\cos\omega_c t$$

$$= \frac{a}{2}[\cos\phi_m(t) + \cos\{2\omega_c t + \phi_m(t)\}] \to \frac{a}{2}\cos\phi_m(t) \quad (4\text{-}79)$$

$$S(t)\sin\omega_c t = a\cos\{\omega_c t + \phi_m(t)\}\sin\omega_c t$$

$$= \frac{a}{2}[\sin\phi_m(t) + \sin\{2\omega_c t + \phi_m(t)\}] \to \frac{a}{2}\sin\phi_m(t) \quad (4\text{-}80)$$

4.4　インピーダンス

4.4.1　入出力インピーダンス

　回路をブラックボックスとして，2つの入力端子，2つの出力端子を備えたモデルとして表わすことがある．その際，入力の電圧・電流，出力の電圧・電流の関係をパラメータで示すことができる．これを二端子対回路，あるいは四端子回路と呼ぶ．また回路の特性を表すパラメータとして，Zパラメータ，Yパラメータ，hパラメータなど，また特に高周波を扱うためのSパラメータなどがある．

　ここではもう少し直観的にわかりやすい表記法で見ておく．図 4.74 のようなモデルを考える．2つの入力端子の間には，入力として電圧 v_{in} が加えられ，入力電流 i_{in} が流れる．入力端子間には回路内で入力インピーダンス z_{in} が接続

4.4 インピーダンス

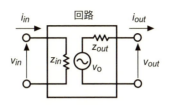

図 4.74 回路のモデル

されている．2つの出力端子は，出力として電圧 v_{out} を出力し，出力電流 i_{out} を流し出すことができる．出力端子の間には回路内で出力電圧源 v_o と出力インピーダンス z_{out} が接続さている．

入力においては，前段から入力電圧 v_{in} が加えられる．そのとき流れる入力電流 i_{in} は，

$$i_{in} = v_{in}/z_{in} \tag{4-81}$$

となる．また出力電圧 v_{out} は，

$$v_{out} = v_o - i_{out} \cdot z_{out} \tag{4-82}$$

となる．式(4-82)からわかることは，出力電圧 v_{out} は，回路の内部で生成する出力電圧源 v_o より，出力電流 i_{out} と出力インピーダンス z_{out} の積の分だけ低下する，ということである．出力電圧源 v_o は，例えば電圧増幅器の場合，増幅率を a とすると，

$$v_o = a \cdot v_{in} \tag{4-83}$$

という値を生成する．

通常，複数の回路が連結されるため，ある回路の出力と次段の回路の入力が接続されることになる．これらについては，次節で解析する．オペアンプの場合は，出力電流を取り出しても出力電圧が変化しないよう，すなわち $z_{out} \approx 0$ となるような回路構成となっている．もっとも出力電流の最大値はオペアンプの規格により決まっており，どこまでも電流が取り出せるわけではない．

通常の回路は，図 4.75 のように，グランドラインを共通とし，グランドに対して入力電圧や出力電圧を定義する．この場合は，図のように入力抵抗や出力電圧源，出力インピーダンスが接続されていると考えてよい．

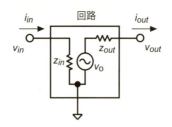

図 4.75　回路のモデル

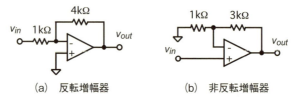

図 4.76　オペアンプ回路の例

オペアンプ回路を例にとって，具体的なインピーダンスを考えてみる．**図 4.76**(a)の反転増幅器では，反転入力は非反転入力と同じ電位になり，また非反転入力はグランドに接続されているため，$z_{in}=1[\mathrm{k\Omega}]$ となる．出力は前述のように電流を取り出しても電圧が変化しないような回路構成となっているため，$z_{out}\approx 0[\Omega]$ となる．図 4.76(b)の反転増幅器では，入力は直接非反転入力に接続されており，オペアンプに電流はほとんど流れ込まないため，$z_{in}\approx\infty[\Omega]$ となる．出力は同様に $z_{out}\approx 0[\Omega]$ となる．

4.4.2　インピーダンス整合

回路は，複数の回路要素が直列に接続されていることが多い．そのとき，ある回路の出力と次段の回路の入力が接続されることになる．

図 4.77 のように，2つの回路が接続されている場合を考える．後段の回路2の入力インピーダンス z_{in2} が，この回路1の出力の負荷となる．回路1の出力電圧および出力電流は，回路2の入力電圧および入力電流とそれぞれ等しくなる．

4.4 インピーダンス

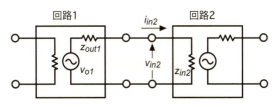

図 4.77　回路の接続

回路 2 の入力電流 i_{in2} は，

$$i_{in2} = v_{o1}/(z_{out1}+z_{in2}) \tag{4-84}$$

となる．ただし回路 1 の出力電圧源を v_{o1}，出力インピーダンスを z_{out1} とした．これを用いると回路 2 の入力電圧 v_{in2} は，

$$v_{in2} = i_{in2} \cdot z_{in2} = \frac{z_{in2}}{z_{out1}+z_{in2}} v_{o1} \tag{4-85}$$

となる．

式 (4-85) から，回路 1 の出力電圧源 v_{o1} を効率よく回路 2 の入力電圧に伝えるためには，$z_{in2}/(z_{out1}+z_{in2})$ をなるべく大きくすればよい．そのためには z_{in2} を大きくするか，z_{out1} を小さくすればよい．

一般的な言葉で言えば，回路間で効率的に信号を伝えるには，前段の出力インピーダンスを下げるか，後段の入力インピーダンスを上げる必要がある．このことは，通常，低い低周波数の信号を扱う場合に用いられる考え方である．オペアンプの場合は，出力インピーダンスが低いため，効率的に電圧を伝達することができる．

高い周波数を扱う回路では，考え方が異なり，電圧ではなく電力を効率的に伝えることを考える．回路 2 の入力インピーダンスに発生する電力を p_{in2} とすると，

$$p_{in2} = i_{in2}^2 z_{in2} = \frac{z_{in2}}{(z_{out1}+z_{in2})^2} v_{o1}^2 \tag{4-86}$$

となる．この式を回路 2 の入力インピーダンスで微分すると，

$$\frac{\partial p_{in2}}{\partial z_{in2}} = \frac{z_{out1} - z_{in2}}{(z_{out1} + z_{in2})^3} v_{o1}^2 \tag{4-87}$$

となって，$z_{out1} = z_{in2}$ のとき最大効率となり，その値は，

$$p_{in2\max} = \frac{v_{o1}^2}{4z_{in2}} \tag{4-88}$$

となる．

これも一般的な言葉で言えば，高周波の場合，回路間で効率的に信号を伝えるには，前段の出力インピーダンスと後段の入力インピーダンスを同一にする必要がある．高周波の場合，このインピーダンスは，通常50[Ω]とする．インピーダンスを合わせておくことは，整合をとる，と表現されることもある．整合を取ることで，信号の反射も防ぐことができる．

高周波を扱う計測器では，通常，インピーダンスは50[Ω]で統一されていることが多い．また高周波の一部では75[Ω]となっている．これは空間に電磁波を放出する半波長ダイポールの特性インピーダンスが73[Ω]であることに由来するらしい．さらに映像系では75[Ω]，オーディオ系では300[Ω]や600[Ω]，スピーカやヘッドホンでは8[Ω]や16[Ω]など，分野によって用いられるインピーダンスが変わることもある．

高周波の信号を離れたところに伝えるためには，伝送線路あるいは導波路と呼ばれる線路が用いられる．伝送線路には特性インピーダンスが規定されており，高周波を効率よく，反射なしに伝えることができるようになっている．伝送線路には，ストリップライン，導波管などがあるが，最も多く用いるのは同軸ケーブルである．同軸ケーブルの特性インピーダンスは通常50[Ω]で，75[Ω]のものも用いられる．50[Ω]系の同軸ケーブルとして，3D−2VやRG58A/U等は，非常によく用いられる．

図4.78は，センサからの信号を増幅して計測器に取り込むときの機器の構成である．センサ，増幅器，計測器のインピーダンスは50[Ω]となっており，機器間は同軸ケーブルで接続される．ノイズの混入を防ぐため，センサと増幅器はなるだけ近づけることが望ましい．

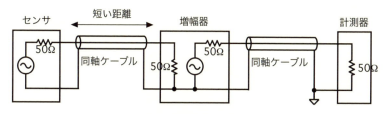

図 4.78　計測機器の接続の例

4.4.3　さまざまなインピーダンス

　狭義のインピーダンスとは，交流回路における電圧と電流の比であって，直流におけるオームの法則の電気抵抗の概念を複素数に拡張し，振幅だけでなく位相関係も表すことができるようにしたものである．電子部品個々の特性や，回路の特性を表す．

　インピーダンスと言う言葉をもう少し緩く用いるときもあり，回路のある部分がグランドあるいは電源ラインにどの位のインピーダンス（特にこの場合は抵抗）で接続されているか，ということを表現するときにも使われる．高い抵抗を使った回路は，「インピーダンスが高くてノイズが乗りやすいな」と感じるようになるし，逆に低い抵抗を使った回路は「インピーダンスが低くて消費電力が多そうだな」と感じるようになる．適正なインピーダンスは，通常の回路では 1〜50 [kΩ]，CMOS 回路など特に省電力を目指した回路では 100 [kΩ] 〜1 [MΩ] 程度であろう．100 [Ω] 以下の抵抗が出てくると，これは電力を扱う回路だな，とわかるようなる．

　インピーダンスという言葉は，さまざまな分野で出てくる．電気に近いところの電磁波では，伝搬に関して空間の特性インピーダンス z_o が定義されている．これは，電場 E と磁場 H の比，あるいは伝搬媒体の誘電率 ε と透磁率 μ の比のルートで，真空中では約 377 [Ω] となる．

$$z_o = \frac{E}{H} = \sqrt{\frac{\mu}{\varepsilon}} \tag{4-89}$$

　また，音についての音響インピーダンス，バネマスなどの機械系についての機械インピーダンスも定義され，使用されている．

第4章 信号の処理〜アナログ信号の加工〜

4.5 アナログ信号のデジタル化

4.5.1 信号のデジタル化

現在のメカトロニクスでは，信号をアナログのままではなく，途中でデジタル化し，デジタル信号としてソフトウェアで何らかの処理を行うことが普通である．アクチュエータを駆動するときには，デジタル信号を再びアナログ化し，その信号で駆動を行う．図 4.79 に示したものは，機械系で用いられる典型的なシステムであり，センサからの信号を取り込み，デジタル処理し，アクチュエータを駆動するまでの信号の流れを示している．

図 4.79 を説明する．各部の信号波形の様子も書いてあるので，同時に見て欲しい．センサからの信号は，ローパスフィルタ（LPF，前）で帯域を制限される．これは，後述のエイリアシングを防ぐためであり，帯域制限フィルタとなっている．サンプル/ホールドは，ある一定時間毎に信号のサンプリングを行い，次のサンプリングまでその値を保持する回路である．A/D 変換を安定に行うために，変換中に A/D 変換器への入力電圧が変化しないようにホールドしている．A/D 変換器は，アナログ信号をデジタル値に変換する回路であり，この変換を符号化と言う．信号処理は，ソフトウェアで実行され，さまざまな処理，判断が行われる．D/A 変換器は，デジタル値をアナログ信号に

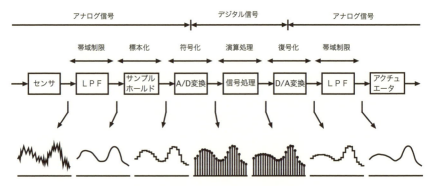

図 4.79　典型的なシステムでの信号の流れ

変換する回路であり，この処理は復号化とも呼ばれる．ローパスフィルタ（LPF，後）は，階段状のD/A変換器の出力をなめらかにして，アクチュエータを駆動する信号を作るものである．通常，ドライバ回路やアクチュエータ自体がローパスフィルタの特性を持つので，このフィルタはないことも多い．

連続的な物理量や信号を一定の量や間隔で区切った非連続的な値で表すことを，離散化，あるいはデジタル化すると呼ぶ．時間方向に離散化することを標本化，振幅方向に離散化することを量子化という．標本化は，サンプリングする，と表現することが普通である．標本化する間隔を時間で表したものがサンプリングタイム，周波数で表したものがサンプリング周波数である．例えばCDの信号は，44.1[kHz]のサンプリング周波数，16[bit]で量子化されている．

離散化された信号やシステムの扱い方については，次章で詳述する．

4.5.2 エイリアシング

ある信号をサンプリングしたとき，複数の周波数の波形が同じ波形に見えてしまい，区別がつかなくなることをエイリアシングと呼ぶ．図4.80は，100[Hz]の周波数，すなわち10[ms]の間隔でサンプリングした，25，75，125[Hz]の信号である．3つともサンプル点では同じ値となるため，区別がつかない．定性的に言うと，測定したい信号の周波数をf_a，サンプリング周波数をf_s（ただし$f_a<f_s$）とした場合，f_a, f_s-f_a, f_s+f_aなどの周波数は，区別がつかなくなる．

図4.81は，上から，$f_a=f_s/8$, $f_a=f_s/4$, $f_a=f_s/2$, $f_a=3f_s/4$の場合の，測定信号の周波数とサンプリング周波数の関係である．一番上の$f_a=f_s/8$ではサンプル点を通る波形を書けばそれが測定したい信号であるが，下に行くにすれそれが怪しくなってくる．

サンプリングした値から元の信号の形が一意に同定できるためには，元の信号の2倍以上の周波数でサンプリングしなければならない．これがサンプリング定理の一つの表現である．

実際的には，サンプリング周波数は，測定したい信号成分が持つ最高周波数

第4章 信号の処理〜アナログ信号の加工〜

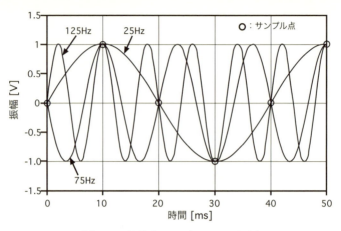

図 4.80 信号をサンプリングした例

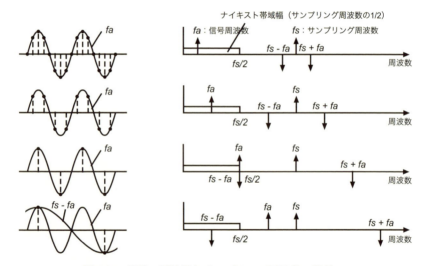

図 4.81 信号の周波数とサンプリング周波数の関係

の10倍以上の周波数とするのがよい．こうしておけば，サンプリングした信号から元の信号の形を推定するのが容易である．制御的な観点からも，位相の遅れがそれほど大きくならないため，制御の安定性に与える影響が少ない．

サンプリングされる信号が，サンプリング周波数の1/2以下であることが補

償されていれば，サンプル点を通る最も低い周波数の波形が，元の信号であることが補償される．そのため，A/D 変換器の入り口には，A/D 変換器に入る信号をサンプリング周波数の 1/2 以下に制限するためのローパスフィルタを入れる．これをアンチエイリアシングフィルタと呼ぶ．

4.5.3 A/D・D/A 変換器

A/D 変換器には，大きく分けて逐次比較型と積分型がある．逐次比較型は，入力電圧と内部で発生した電圧を逐次比較する方式で，速度が速く精度も高いが，デバイスのコストが高い．積分型は，入力電圧に対応するクロック数をカウントする方式である．基本的に積分器（LPF）の特性を持つため，ノイズに強いが速度が遅い．

逐次比較型 A/D 変換器の構成を，図 4.82 に示す．変換すべき外部からのアナログ入力信号と，内部の D/A 変換器で発生させた電圧をコンパレータで比較し，デジタル化を行う．

逐次比較型の A/D 変換器の動作を，図 4.83 を用いて説明する．入力信号と内部の D/A 変換器で発生させる電圧とを比較するが，その刻みをフルスケール（FS）の 1/2, 1/4, 1/8 と次第に細かくして行く．図の例では，初めに (1/2) FS の電圧を発生させるが，入力信号の方が大きいでビット 1 を立てる．次に (1/2+1/4) FS を発生させるが，入力信号の方が小さいでビット 0 を立

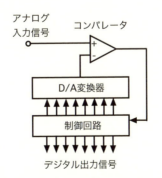

図 4.82 逐次比較型 A/D 変換器の構成

第4章 信号の処理〜アナログ信号の加工〜

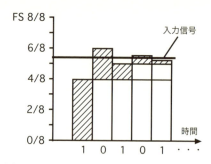

図 4.83 逐次比較による A/D 変換の動作

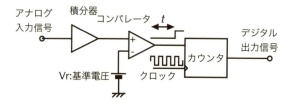

図 4.84 積分型の A/D 変換器の構成

てる．その次は $(1/2+1/8)$ FS を発生させるが，入力信号の方が大きいのでビット 1 を立てる，というように，分解能を細かくしていって逐次比較を行って結果を得る．

積分型の A/D 変換器の構成を，図 4.84 に示す．変換すべき外部からのアナログ入力信号を積分し，基準電圧に達するまでの時間を計測し，デジタル化を行う．

積分型の A/D 変換器の動作を，図 4.85 を用いて説明する．測定スタートの時点から入力信号の積分を始め，積分器の出力が基準電圧 Vr を超すまでの時間を，クロックをカウンタで計測して結果を得る．

D/A 変換器は，A/D 変換器に比べて簡単に構成できる．図 4.86 は，オペアンプの加算器で構成した 3[bit] の D/A 変換器の例である．反転の加算器であるが，抵抗の値を変えることで，重み付けを行っている．

この回路の出力 V_{out} は，

4.5 アナログ信号のデジタル化

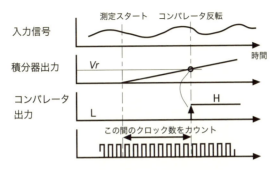

図 4.85 積分による A/D 変換の動作

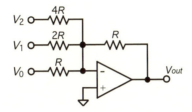

図 4.86 オペアンプによる D/A 変換器の例

$$V_{out} = -\left(V_0 + \frac{1}{2}V_1 + \frac{1}{4}V_2\right) \tag{4-90}$$

となる．$V_0 \sim V_2$ にビットを割り当てることで，3[bit] の D/A 変換を行える．また抵抗を追加することで，分解能を上げることができる．

図 4.86 の回路は，構成は簡単であるが，ビット数が増えると抵抗の値の調整が大変となってくる．そこで，通常は図 4.87 のラダー形の D/A 変換器が用いられる．

図 4.87 の回路では，各スイッチはグラウンドかオペアンプのバーチャルグラウンドに接続されるので，スイッチがどちらに入っていても同じことになる．そのため V_0 とグラウンド間の抵抗は R となり，$V_0 = V_1/2$ の関係が成り立つ．同様に，V_1 とグラウンド間の抵抗も R となり，$V_1 = V_2/2$ となるため，結局 $V_0 = V_1/2 = V_2/4$ の関係が成り立つ．この関係が続くので，

143

第4章 信号の処理〜アナログ信号の加工〜

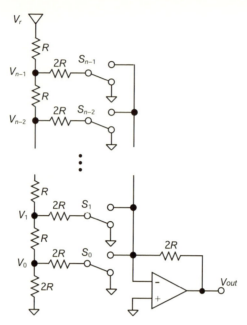

図 4.87 ラダー形 D/A 変換器

$$V_{out} = -\left(\frac{1}{2}S_{n-1} + \frac{1}{4}S_{n-2} + \cdots + \frac{1}{2^{n-1}}S_1 + \frac{1}{2^n}S_0\right)V_r \tag{4-91}$$

となる．ただし，S_i は各スイッチの状態で D/A 変換の各ビットに対応し，1のときスイッチが上に入っているものとする．

| 第 5 章 | 離散時間システム
〜デジタル系で考える〜 |

離散時間信号あるいはデジタル信号とは，振幅方向および時間方向に対してとびとびの値を取る信号であり，連続時間信号あるいはアナログ信号に対してこう呼ばれるものである．連続時間信号を離散化し，離散時間信号とすることで，信号をコンピュータで扱うことが可能となる．

本章では，離散時間信号，および離散時間信号を入出力とする連離散時間システムを対象とする．連続時間システムは入出力の関係が差分方程式で表されるシステムであり，これを扱う基礎となる手法を述べる．

5.1 z 変換

連続時間信号で表され，微分方程式で記述されるシステムの解析で用いられるのがラプラス変換であるのに対し，離散時間信号で表され，差分方程式で記述されるシステムの解析で用いられるのが z 変換である．

離散時間信号 $x[n]$ が，次の数値列であるとする．
$$\{x[n]\}=\{\cdots, x[-2], x[-1], x[0], x[1], x[2], \cdots\} \tag{5-1}$$
この信号 $x[n]$ に対して，z 変換 $Z(x[n])=X(n)$ は，

$$X(n) = \sum_{n=-\infty}^{\infty} x[n]z^{-n}$$
$$= \cdots + x[-2]z^2 + x[-1]z + x[0] + x[1]z^{-1} + x[2]z^{-2} + \cdots \tag{5-2}$$

で表される．z 変換により，数値列が1つの式で表されたことになる．

$n \geq 0$ のみを扱う場合，別の言い方をすれば $n < 0$ では $x[n] = 0$ であるとき，この信号の z 変換は，

$$X(n) = \sum_{n=0}^{\infty} x[n] z^{-n}$$
$$= x[0] + x[1]z^{-1} + x[2]z^{-2} + \cdots \tag{5-3}$$

で表される．

図 5.1 に離散時間信号の例を示す．n はステップ数であるが，サンプリングタイム T を用いて nT と置き換えれば実時間とすることができる．

図 5.1 は，より具体的には，

$$X(n) = x[0] + x[1]z^{-1} + x[2]z^{-2} + x[3]z^{-3} + x[4]z^{-4}$$
$$= 2 + 4z^{-1} + 1.5z^{-2} - z^{-3} + 0.5z^{-4} \tag{5-4}$$

で表される離散時間信号である．

図 5.1 と式(5-4)を見比べてみるとわかるが，z^{-1} は時間方向（n の方向）に 1 ステップ遅らせることを意味する．$x[1]z^{-1}$ は，時刻 0 から 1 ステップ遅れた $n=1$ の時刻に高さ $x[1]$ の信号があること意味し，同様に $x[2]z^{-2}$ は，時刻 0 から 2 ステップ遅れた $n=2$ の時刻に高さ $x[2]$ の信号があること意味している．この図のイメージを常に頭に置いておくと理解しやすい．

実際には，z^{-1} の時間方向に 1 ステップ遅らせる動作は，例えばプログラム上で配列 $m[0], m[1], m[2], \cdots$ に値を入れておき，1 ステップ毎に値を移動させていくことで実現できる．

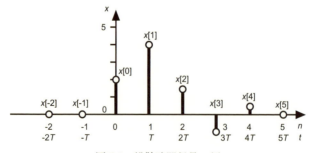

図 5.1　離散時間信号の例

5.2 たたみ込み積分

連続時間信号（アナログ信号）においてシステムの応答を求める際，そのまま時間領域で求めるためにはたたみ込み積分が必要であったが，ラプラス変換をして周波数領域で処理すると，たたみ込み積分が不要となりかけ算で応答を求めることができた．離散時間信号（デジタル信号）においても，そのまま時間領域で求めるためにはたたみ込み演算が必要であるが，z 変換をして周波数領域で処理すると，かけ算で応答を求めることができる．その様子を図 5.2 に示す．

$h[n]$ はシステムのインパルス応答であり，$H(z)$ はそれを z 変換したもので，これが離散時間でのシステムの伝達関数となる．

具体的な例で，応答を求めてみる．入力と，システムのインパルス応答が，次の数値列であるとする．

$$\{x[n]\} = \{1, 2, 3, 1\} \tag{5-5}$$

$$\{h[n]\} = \{2, 1, 0.5, 0.5\} \tag{5-6}$$

これらを z 変換すると，次の通りとなる．

$$X(z) = 1 + 2z^{-1} + 3z^{-2} + z^{-3} \tag{5-7}$$

$$H(z) = 2 + z^{-1} + 0.5z^{-2} + 0.5z^{-3} \tag{5-8}$$

まず時間領域では，システムの応答は，入力とシステムのインパルス応答のたたみ込み演算，

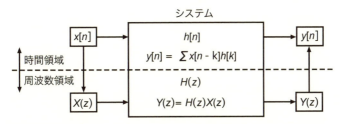

図 5.2 離散時間信号での時間領域と周波数領域におけるシステム

$$y[n] = \sum_{k=0}^{n} x[n-k]h[k] \tag{5-9}$$

で求められる．これを順次計算して，

$y[0] = x[0]h[0] = 2$

$y[1] = x[1]h[0] + x[0]h[1] = 2 \cdot 2 + 1 \cdot 1 = 5$

$y[2] = x[2]h[0] + x[1]h[1] + x[0]h[2] = 3 \cdot 2 + 2 \cdot 1 + 1 \cdot 0.5 = 8.5$

$y[3] = x[3]h[0] + x[2]h[1] + x[1]h[2] + x[0]h[3]$
$\quad = 1 \cdot 2 + 3 \cdot 1 + 2 \cdot 0.5 + 1 \cdot 0.5 = 6.5$

$y[4] = x[4]h[0] + x[3]h[1] + x[2]h[2] + x[1]h[3] + x[0]h[4]$
$\quad = x[3]h[1] + x[2]h[2] + x[1]h[3] = 1 \cdot 1 + 3 \cdot 0.5 + 2 \cdot 0.5 = 3.5$

$y[5](5) = x[5]h[0] + x[4]h[1] + x[3]h[2] + x[2]h[3] + x[1]h[4] + x[0]h[5]$
$\quad = x[3]h[2] + x[2]h[3] = 1 \cdot 0.5 + 3 \cdot 0.5 = 2$

$y[6] = x[6]h[0] + x[5]h[1] + x[4]h[2] + x[3]h[3] + x[2]h[4] + x[1]h[5]$
$\quad + x[0]h[6]$
$\quad = x[3]h[3] = 1 \cdot 0.5 = 0.5$

となる．これを数値列に並べ直して，

$$\{y[n]\} = \{2, 5, 8.5, 6.5, 3.5, 2, 0.5\} \tag{5-10}$$

を得ることができる．

次に周波数領域では，システム応答は入力と伝達関数のかけ算となるので，

$$Y(z) = X(z)H(z) \tag{5-11}$$

であるから，

$Y(z) = (1 + 2z^{-1} + 3z^{-2} + z^{-3})(2 + z^{-1} + 0.5z^{-2} + 0.5z^{-3})$
$$\quad = 2 + 5z^{-1} + 8.5z^{-2} + 6.5z^{-3} + 3.5z^{-4} + 2z^{-5} + 0.5z^{-6} \tag{5-12}$$

となる．これは式(5-10)と同じ答えである．これらの例でわかる通り，z変換して周波数領域で考える方が，簡単である．

2.2節でも述べたが，現在の値が過去から現在までの信号によって決まっており，未来の信号の影響を受けていないシステムを因果性のあるシステムとい

う．リアルタイムの信号処理や制御の場合は，この因果性のあるシステムである．逆にオフラインの信号処理，例えばデータを全部取得した後に平均化処理を行う場合などは，ある時刻のデータの算出にその時刻より後のデータを用いるため，因果性のないシステムとなる．

因果性のあるシステムでは，インパルス応答が $n \geq 0$ の場合のみ値を持ち，$n<0$ では $h[0]=0$ でとなる．先に示した式(5-6)あるいはそれを z 変換した(5-8)は，因果性のあるシステムのインパルス応答である．

5.3 離散時間システムの実現

離散時間システムには，FIR（Finit Impulse Response，有限インパルス応答）システムと，IIR（Infinit Impulse Response，無限インパルス応答）システムがある．

5.3.1 FIR システム

FIR システムは，インパルス応答が有限である．伝達関数は，

$$H(z) = \sum_{n=0}^{M} b_n z^{-n} = b_0 + b_1 z^{-1} + b_2 z^{-2} + \cdots + b_M z^{-M} \tag{5-13}$$

の形であり，有限長の z の多項式となる．インパルス応答が有限長であるから，入力がゼロとなれば，出力も最終的にゼロとなる．また後述の IIR システムと異なり，FIR システムは常に安定である．

式(5-13)に示した FIR システムを，入出力の関係を表わす差分方程式で書くと，

$$y[i] = \sum_{n=0}^{M} b_n x[i-n] = b_0 x[i] + b_1 x[i-1] + b_2 x[i-2] + \cdots + b_M x[i-M]$$

$$\tag{5-14}$$

となる．この式から，この FIR システムをブロック線図で書くと，**図5.3**となる．

先に例をあげた式(5-8)の伝達関数は，三次の（$M=3$）の FIR システムで

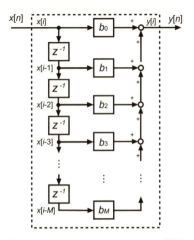

図 5.3　FIR システムのブロック線図

ある.

FIR システムが,入力列 $x[n]$ に対して,どういう処理をして出力列 $y[n]$ を生成しているか,より具体的に示したものが**図 5.4** である.なお図の入力と出力の数値列 $x[n]$, $y[n]$ は,一つの例である.

現在の位置(時刻)は $n=i$ で,この時刻より手前からの $M+1$ 個の入力値 $x[i]$, $x[i-1]$, $x[i-2]$, $\cdots$, $x[i-M]$ を使って,現在の出力 $y[i]$ を作っている. z^{-1} は,1 ステップ前の信号を,1 ステップ前に持ってくる,というイメージを持っておくと理解しやすい.

離散時間信号は,通常はコンピュータのメモリ上の数値列であることが多い.そのイメージで図 5.4 を書き直したものが,**図 5.5** である.今後はこの表記を用いる.

5.3.2　IIR システム

IIR システムは,インパルス応答が無限に続く.伝達関数は,

$$H(z) = \frac{b_0 + b_1 z^{-1} + b_2 z^{-2} + \cdots + b_M z^{-M}}{1 + a_1 z^{-1} + a_2 z^{-2} + \cdots + a_N z^{-N}} \tag{5-15}$$

5.3 離散時間システムの実現

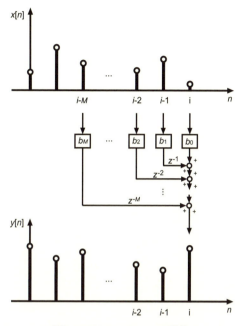

図 5.4 FIR システムの動作

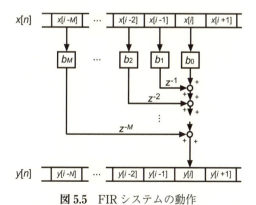

図 5.5 FIR システムの動作

の形であり,分子,分母を z の多項式とする有理関数となる.インパルス応答が無限長であるから,入力がゼロとなっても出力はゼロとならないことがある.また FIR システムは常に安定であったのに対し,IIR システムは不安定になる場合がある.

式(5-15)に示した IIR システムを,入出力の関係を表す差分方程式で書くと,
$$y[i] = -a_1 y[i-1] - a_2 y[i-2] - \cdots - a_N y[i-N]$$
$$+ b_0 x[i] + b_1 x[i-1] + b_2 x[i-2] + \cdots + b_M x[i-M] \quad (5\text{-}16)$$
となる.この式から,この IIR システムをブロック線図で書くと,**図 5.6** となる.

IIR システムが,入力列 $x[n]$ に対して,どういう処理をして出力列 $y[n]$ を生成しているか,より具体的に示したものが**図 5.7** である.

現在の出力 $y[i]$ を作るのに,入力列 $x[n]$ だけでなく,過去の出力列 $y[n]$ も用いていることが特徴である.このため,IIR はフィードバックシステム,あるいは自己回帰システムといわれる.フィードバックがあるから不安定になる場合がある,と言うこともできる.

図 5.8 は,図 5.6 の IIR システムを簡略化したものである.z^{-1} のブロックを共通化することで,簡単な構成にしている.ただし図 5.8 では,$N=M$ とし

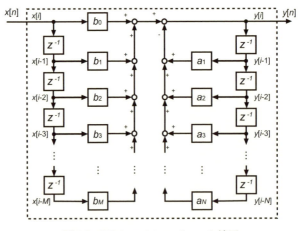

図 5.6 IIR システムのブロック線図

5.3 離散時間システムの実現

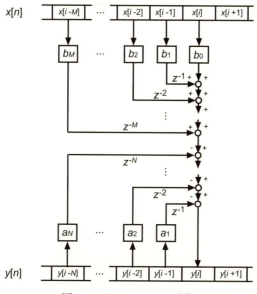

図 5.7　IIR システムの動作

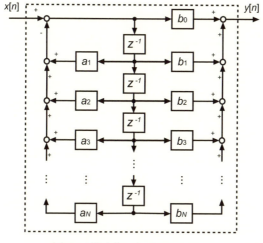

図 5.8　簡略化した IIR システム

てある.

5.4　周波数応答

連続時間システムで周波数応答を調べるには，伝達関数 $G(s)$ において，

$$s = j\omega \tag{5-17}$$

とすることで求められた．離散時間システムでは，伝達関数 $H(z)$ において，

$$z = e^{j\omega T} \tag{5-18}$$

とすることで求めることができる．ただし T は，1 ステップの時間間隔，いわゆるサンプリングタイムである．また ωT は正規化角周波数と呼ばれ，物理的には 1 ステップあたりに進む角度を表わすが，離散時間システムでは周波数と同様に扱われる．

周波数を f[Hz] とすると $f = \omega/2\pi$ であるから，正規化角周波数 $\omega T = \pi$ となる周波数では，$f = \omega/2\pi = 1/2T$ の関係がある．簡単に言葉で表現すると，正規化角周波数が π となる周波数は，サンプリング周波数 $1/T$ の $1/2$ である．例えば，1[kHz] でサンプリングしたとき，500[Hz] のことである．

式(5-18)は，どこから求められるのであろうか．連続時間システムで，時間 T のむだ時間要素の伝達関数は，

$$G(s) = e^{-Ts} \tag{5-19}$$

であった．この式で $s = j\omega$ とすれば，

$$G(\omega) = e^{-j\omega T} \tag{5-20}$$

となり，z^{-1} が時間 T 遅らせることであるから，式(5-18)と一致する．

5.5　デジタルフィルタ

離散時間システムのフィルタは，大きく FIR フィルタと IIR フィルタに分けることができる．

FIR フィルタは，位相遅れが周波数に比例する直線位相フィルタを実現でき

る．直線位相とは群遅延が一定とも表現される．こう言われるとなんだかわかりにくいが，簡単に言ってしまえば，フィルタの出力信号が周波数によらず一定時間遅れる，というだけである．すべての周波数成分が一定時間遅れるので，波形のひずみがない．波形が重要な計測においては，なくはならない特性である．アナログフィルタでは実現するのは難しいが，FIRフィルタでは簡単に実現できる．

IIRフィルタは，直線位相フィルタを近似的にしか実現できないが，アナログフィルタの設計手法を適用し，変換によりデジタルフィルタを設計できる．双一次変換やインパルス不変変換により，通常の一次や二次のフィルタ，バターワースやチェビシェフといったフィルタを実現できる．特に位相特性が重要な意味を持つフィードバック制御系においては，アナログの周波数領域でコントローラを設計しておき，それを双一次変換でデジタルコントローラに置き換えるのが簡単である．

5.5.1 FIRフィルタ

FIRフィルタで直線位相フィルタを実現する場合，伝達関数は次のような対称形とする．

$$H(z) = b_L + b_{L-1}z^{-1} + \cdots + b_0 z^{-L} + \cdots + b_L z^{-2L} \tag{5-21}$$

係数だけ見てみると，

$$\{b_L, \cdots, b_{-1}, b_0, b_1, \cdots, b_L\} \tag{5-22}$$

であり，項の数は$2L+1$個である．フィルタの演算を図で示すと**図5.9**となる．式(5-21)を変形すると，

$$\begin{aligned} H(z) &= z^{-L}(b_L z^L + b_{L-1} z^{L-1} + \cdots + b_0 + \cdots + b_L z^{-L}) \\ &= z^{-L}\left\{b_0 + \sum_{k=1}^{L} b_k(z^k + z^{-k})\right\} \end{aligned} \tag{5-23}$$

となる．ここで$z=e^{j\omega T}$，$z^k+z^{-k}=2\cos k\omega T$を用いると，

$$H(z) = e^{-jL\omega T}\left(b_0 + 2\sum_{k=1}^{L} b_k \cos k\omega T\right) \tag{5-24}$$

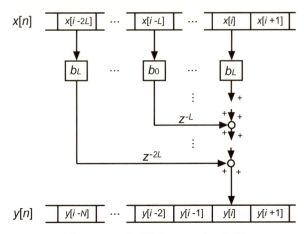

図 5.9　FIR 直線位相フィルタの演算

となる．

式(5-24)で（　）の部分は実数なので位相に関係せず，関係するのは $z^{-jL\omega T}$ の部分となる．位相 ϕ をとすると，

$$\phi = -L\omega T \tag{5-25}$$

であり，位相は周波数 ω（正規化角周波数 ωT）に比例して遅れる，直線位相特性であることがわかる．また，

$$e^{-jL\omega T} = z^{-L} \tag{5-26}$$

であるので，出力は入力に対して L ステップ遅れていること示している．これはフィルタ処理での各項の遅延量の平均，図 5.9 での係数 b_0 の遅延量 z^{-L} を表わしているとも考えることができる．

FIR フィルタの例として，次の特性を考えてみる．

$$H(z) = \frac{1}{3}(1 + z^{-1} + z^{-2}) \tag{5-27}$$

これは 3 点の移動平均である．また $L=1$ の場合に相当する．$z = e^{j\omega T}$ として，

$$H(\omega T) = \frac{1}{3}(1 + e^{-j\omega T} + e^{-j2\omega T}) = \frac{1}{3}e^{-j\omega T}(e^{j\omega T} + 1 + e^{-j\omega T})$$
$$= \frac{1}{3}e^{-j\omega T}(1 + 2\cos\omega T) \tag{5-28}$$

となり,振幅(ゲイン)および位相は,

$$|H(\omega T)| = \frac{1}{3}(1 + 2\cos\omega T) \tag{5-29}$$

$$\angle H(\omega T) = -\omega T \tag{5-30}$$

となる.

これらを図で表すと,**図 5.10** のようになる.

周波数軸は,正規化角周波数 ωT と,サンプリング周波数 $f_s = 1/T$ で正規化した周波数を記入してある.$\omega T = 2\pi/3$ のところで振幅がゼロとなり,それより上の周波数では振幅の符号がマイナスとなるので,位相は π(180[deg])ずれている.

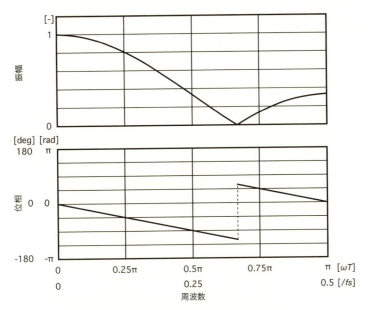

図 5.10 FIR フィルタの周波数特性の例

第5章 離散時間システム〜デジタル系で考える〜

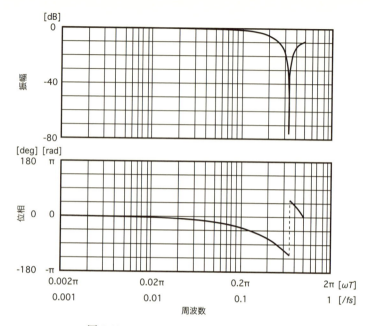

図 5.11　FIR フィルタの周波数特性の例

　図 5.11 は，図 5.10 の周波数軸をログスケールに，振幅をデシベル表示に書き直したものである．機械系のエンジニアにとっては，こちらの方が見慣れた形である．

　サンプルの点数を増やし 11 点で移動平均を行う場合，伝達関数は，

$$H(z) = \frac{1}{11}(1 + z^{-1} + z^{-2} + z^{-3} + \cdots + z^{-10}) \tag{5-31}$$

となり，これは $L=5$ の場合に相当する．振幅および位相は，

$$|H(\omega T)| = \frac{1}{3}\{1 + 2(\cos\omega T + \cos 2\omega T + \cdots + \cos 5\omega T)\} \tag{5-32}$$

$$\angle H(\omega T) = -5\omega T \tag{5-33}$$

となる．

　振幅特性をプロットしたものが，図 5.12 および図 5.13 である．
　3 点平均に比べ，通過する信号の帯域が低くなっている．これは，より多く

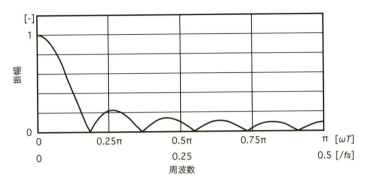

図 5.12 FIR フィルタの周波数特性の例

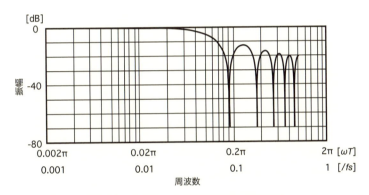

図 5.13 FIR フィルタの周波数特性の例

の項で平均しているためである．高い周波数成分が通過しにくくなっているので，高い周波数成分をカットするローパスフィルタとして用いられる．ただし図 5.13 を見る限り，ローパスフィルタとしての性能は，あまりよくなさそうである．

　単純な移動平均だけでなく，項の係数を変えることで，FIR フィルタでさまざまな特性を出すことができる．具体的な係数の決め方は，ページの関係で他書を参照されたい．基本的には，信号を通過させる周波数特性の形を決め，それを実現する伝達関数を求め，そのインパルス応答から係数を求める手順である．

5.5.2 IIR フィルタ

IIR フィルタでは，アナログフィルタの伝達関数 $G(s)$ が決まっているとき，これ変換して同様の特性のデジタルフィルタの伝達関数 $H(z)$ をつくることができる．変換は，次の双一次変換（Bilinear Transformation）が使いやすい．

$$s = \frac{2}{T} \cdot \frac{z-1}{z+1} \tag{5-34}$$

簡単な例であるが，フィードバック系のコントローラとして一次遅れ系を用いる場合を想定して変換してみる．サンプリングタイムと紛らわしいので，一次遅れの時定数は J としてある．アナログコントローラの伝達関数 $Gc(s)$ を，

$$G(s) = \frac{K}{1+Js} \tag{5-35}$$

とする．この式を変換すると，

$$H(z) = \frac{K}{1+c} \cdot \frac{1+z^{-1}}{1+\frac{1-c}{1+c}z^{-1}}, \quad c = \frac{2J}{T} \tag{5-36}$$

となり，デジタルコントローラの伝達関数が得られたことになる．この形のコントローラを IIR フィルタで実現することは容易である．

双一次変換における，アナログ（連続時間系）とデジタル（離散時間系）における周波数の関係を考えておく．式(5-34)において，

$$s = j\omega_a \tag{5-37}$$

$$z = e^{j\omega_d T} \tag{5-38}$$

とおく．ただし ω_a は連続時間系での周波数，ω_d は離散時間系での周波数である．これらを式(5-34)に代入すると，

$$j\omega_a = \frac{2}{T} \cdot \frac{e^{j\omega_d T}-1}{e^{j\omega_d T}+1} = \frac{2}{T} \cdot \frac{e^{j\frac{\omega_d T}{2}}-e^{-j\frac{\omega_d T}{2}}}{e^{j\frac{\omega_d T}{2}}+e^{-j\frac{\omega_d T}{2}}}$$
$$= j\frac{2}{T} \cdot \frac{\sin\frac{\omega_d T}{2}}{\cos\frac{\omega_d T}{2}} = j\frac{2}{T} \cdot \tan\frac{\omega_d T}{2} \tag{5-39}$$

この式より,

$$\omega_a = \frac{2}{T}\tan\frac{\omega_d T}{2} \tag{5-40}$$

となる.ここで,見通しが立てやすいように,$T=1/f_s$, $\omega_a=2\pi f_a$, $\omega_d=2\pi f_d$ とすると,

$$f_a = \frac{1}{\pi} f_s \tan\pi\frac{f_d}{f_s} \tag{5-41}$$

の関係が導かれる.

この式から,サンプリング周波数 f_s に比べて十分低い領域では $f_a=f_d$ となることがわかる.また $f_d/f_s \to 1/2$ となるにつれ tan の値が大きくなり,アナログとデジタルでの周波数の乖離が大きくなることがわかる.

通常,扱う信号の周波数領域に比べサンプリング周波数が十分高ければ,$f_a=f_s$ と考えておいて問題ない.サンプリング周波数が上げられず,余裕がないときは,式(5-41)を用いてアナログとデジタルの周波数の関係に補正をかける.

よもやま話
ピカピカのハンダ付け

ハンダ付けのあとを見ると,その人の電子工作の技量が一目瞭然でわかる.達人のハンダは,表面がピカピカで大きさがそろって,きれいな卵形か富士山形である.素人のハンダは,表面が曇っていて大きさがばらばらで,形もゆがんでいる.研究室の学生がきれいなハンダ付けをするようになると,彼もスキルが上がったな,とちょっとうれしくなる.

第 5 章 離散時間システム～デジタル系で考える～

━━━━━ よもやま話 ━━━━━

デジタルオシロとアナログオシロ

　現在，デジタルオシロスコープが主流である．デジタルオシロスコープは，測定波形をデジタルデータとして保存できる，比較的長時間の波形を取り込んで観測できる，長い時間内での単発現象も観測できるなど，利点が多い．しかし測定の際スイープ時間を適切に選ばないと，エイリアシングため元の波形とは似ても似つかない形に見える．例えば高い周波数の信号が，ずっと低い周波数に見えてしまうこともある．

　それに対してアナログオシロスコープは，適当に使っても何とかなる．ブラウン管の蛍光体上に，複数のトレースを重ねて表示する方式なので，高い周波数の信号もボウッとなるが何とかわかるし，信号のグリッチ（ひげのような波形）や不規則な波形もなんとか見える．私には，アナログオシロスコープがあっているようである．

第6章 センサとアクチュエータ
~デバイスとその動作原理~

センサとアクチュエータは，コンピュータと並びメカトロニクスにおける三大要素である．機械システムにとって，センサは実世界の状況を把握するための感覚器，アクチュエータは実世界に働きかける手足，コンピュータはそれらを統合する頭である．

本章では，センサとアクチュエータについて基本的なものを取り上げ，その動作原理を述べる．

6.1 センサとは

6.1.1 メカトロニクスとセンサ

センサとは，物理現象や対象の物理状態を捉え，信号やデータに変換して出力するデバイスのことである．生物で言えば感覚器に当たる．計測するデバイスをセンサと呼び，装置は計測器と呼ばれる．現在では，センサの出力は電気信号，さらにほとんどはアナログ信号だと考えてよい．

人のセンサは，視覚，聴覚，触覚，嗅覚，味覚の五感と呼ばれている感覚器である．センサには，例えば電界，磁界など，人が感じられない物理量のセンサもある．さらには，ものすごく小さなもの，微量なもの，速いもの，正確なものなど，人では実現できないような高感度，高精度のセンサもある．

センサは，計測する対象に応じてそれぞれ適したセンサがある．機械工学の関連分野で利用されるセンサに限っても，多種多様なセンサがある．それらの対象は，力，重さ，位置，距離，速度，加速度，角度，角速度，回転数，角加

第6章 センサとアクチュエータ〜デバイスとその動作原理〜

速度，振動，音，光，温度，湿度，電圧，電流，電力，電場，磁場，時間など，幅広い．

多種多様なセンサで重要な点は，センサは何らかの物理化学量を何らかの物理化学的な原理に基づいて電気量に変換するもの，ということである．この変換原理を理解しておくと，センサの扱いを間違えることはない．

本節では，メカトロニクスの分野でよく用いられる位置，速度，加速度，力を測るセンサを中心に取り上げ，その動作原理を述べる．

6.1.2 センサの変換原理

センサを用いて，測定したい物理量を測定値に変換する際には，さまざまな変換原理が，しかも多段で使われていることが多い．

図 6.1 に示したものは，力の測定に用いられるセンサの変換原理の例である．

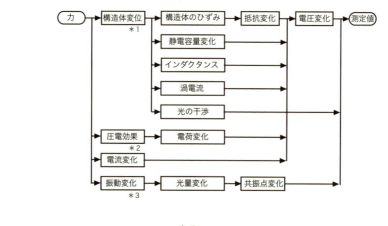

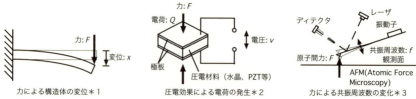

図 6.1　力センサの変換原理の例

力を，構造体の変位で変換するもの，圧電効果で変換するもの，電流の変化で変換するもの，振動変化で変換するもの，などがある．構造体の変位でも，その次に構造体の表面歪みで変換するもの，静電容量の変化で変換するもの，など，多くの方式がある．

センサの変換原理をよく理解しておかないと，思わぬ測定ミスをするので注意が必要である．

6.2 光，および位置，速度，加速度のセンサ

メカトロニクスでは，位置，速度，加速度，力を測ることが多い．これらを計測するセンサとして，以下のものがある．

位置の計測のための距離センサ，回転数センサ，物体検出センサ，変位センサ，近接センサ，リミットセンサ，速度の計測のための速度センサ，角速度センサ，ジャイロ，加速度の計測のための加速度センサ，力の計測のための力センサ，圧力センサ，などである．

本節では力センサを除いた上記センサと，計測の基本となる光センサ，音響センサや温度センサについて述べる．

6.2.1 光センサ

光を関知する光センサでは，CdS セルなどの光導電素子と，フォトダイオードやフォトトランジスタなどの光起電力素子の2つが代表的である．

(1) CdS セル

光導電素子（フォトセル）は，光が入射するとその抵抗値が変化する素子であり，フォトレジスタとも呼ばれる．光導電素子に使われる材料は，CdS が代表的であり，CdS セルの名前で呼ばれるのが普通である．光照射により検出部に自由電子と正孔の対が発生し，導電率が変化し，抵抗値が変化する．

CdS セルの図 6.2 に示すように，2つの電極の間に CdS 感光層が挟まれた構

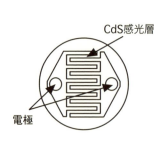
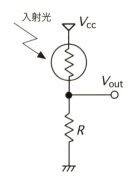

図 6.2　CdS セル　　　　図 6.3　CdS セルを用いた光検出回路

造をしている．

　光導電素子は安価で使いやすいが，応答速度が遅い，直線性がよくないなどの欠点もある

　CdS セルを用いた光検出回路の例を図 6.3 に示す．入射光によって CdS セルの抵抗が変わり，出力電圧が変化する．

(2)　フォトダイオード

　フォトダイオードは，光が入射すると電流が流れるダイオードである．フォトダイオードの pn 接合に光が入射すると，光量に比例した光電流が，ダイオードの逆方向（順方向と逆）に流れる．フォトダイオードは，直線性に優れる，雑音が小さい，広い波長に対し高感度，応答速度が速いなどの特長がある．

　フォトダイオードの断面構造の例を図 6.4 に示す．光が入射する受光面側の p 型領域と基板側の n 型領域は pn 接合を形成し，光電変換部として働く．

　pn 接合のエネルギ帯図を図 6.5 に示す．入射光のエネルギがバンドギャップエネルギーより大きいと，価電子帯の電子が伝導帯へ励起され，もとの価電子帯に正孔を残す．この電子-正孔対は，p 型領域・空乏層・n 型領域のいたる所で生成される．空乏層に電界がかかっていると，p 型領域の電子は n 型領域へ，n 型領域の正孔は p 型領域へ移動し，電流が流れる．これを光電流と呼ぶ．光電流は入射光に比例し，かかっている電圧（逆バイアス電圧）には依存

6.2 光，および位置，速度，加速度のセンサ

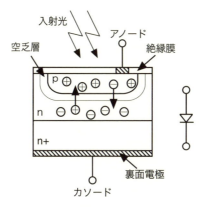

図 6.4　フォトダイオードの断面構造

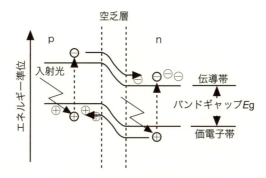

図 6.5　pn 接合のエネルギ帯図

しない．

シリコンのフォトダイオードは，可視光から近赤外の波長（400〜1100 [nm]）までカバーする．またゲルマニウムやインジウム・ガリウム・ヒ素のフォトダイオードは近赤外の波長（800〜1800 [nm]）をカバーする．1500 [nm] 付近の波長は光ファイバの損失が小さいため，光通信でよく用いられている．

フォトダイオードの特性を**図 6.6** に示す．フォトダイオードにかかる電圧を V_d，流れる電流（光電流）を i とする．フォトダイオードは逆バイアス電圧をかけて用いる．通常のダイオードの特性図は順バイアス電圧が右方向となるよう書かれるが，図 6.6 は逆バイアス電圧が右と通常表記とは逆になっている．

第6章 センサとアクチュエータ～デバイスとその動作原理～

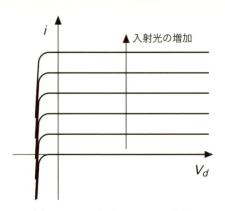

図 6.6 フォトダイオードの特性

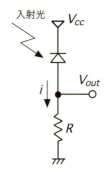

図 6.7 フォトダイオードを用いた光検出回路

フォトダイオードに流れる電流 i は，印加されている電圧 V_d には依存せず，ダイオードに入射する光量に比例する．これは前述のように，光電流が，入射する光により生成される電子-正孔対によるものであるためである．

フォトダイオードを用いた光検出の回路例を図 6.7 に示す．フォトダイオードを使用する場合，図 6.7 のようにダイオードに逆バイアスをかけておき，発生した光電流が抵抗を流れる時に発生する電圧を検出する．

図 6.8 を用いて回路の動作を説明する．ダイオードにかかる電圧 V_d は，流れる電流（光電流）i を用いると，

$$V_d = V_{cc} - iR \tag{6-1}$$

6.2 光,および位置,速度,加速度のセンサ

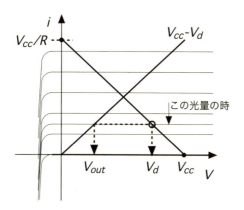

図 6.8 光検出回路の動作

と表すことができる．入射光量により電流 i が決まれば，ダイオードにかかる電圧 V_d も決まる．またこのときの出力電圧 V_{out} は，

$$V_{out} = V_{cc} - V_d = iR \tag{6-2}$$

となる．入射する光量に応じて，適切な出力電圧となるよう，抵抗 R を設定する．

(3) フォトトランジスタ

フォトトランジスタもフォトダイオードと同様，光が入射すると電流が流れ，光の検出に用いられる．光を検出するフォトダイオードと光電流を増幅するトランジスタが組み合わされた素子と考えてよい．開放されたベースに光が照射されると，ベース電流が流れ，そのトランジスタの増幅作用によりコレクタ電流が流れる．

図 6.9 に，フォトトランジスタの構造を示す．フォトトランジスタの光応答特性は，増幅機能を持つためフォトダイオードより高感度であるが，応答速度は劣る．

図 6.10(a), (b)に，フォトトランジスタを用いた光検出回路例とその等価回路を示す．エミッタ接合には順方向の，コレクタ接合には逆方向の電圧を加え

第6章　センサとアクチュエータ〜デバイスとその動作原理〜

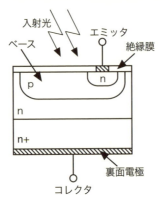

図 6.9　フォトトランジスタの構造

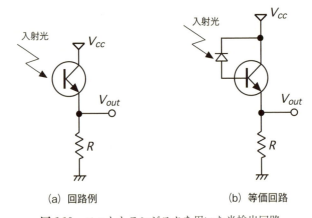

(a) 回路例　　　　　(b) 等価回路

図 6.10　フォトトランジスタを用いた光検出回路

る．ベースに光が照射されるとベース電流が流れ，それに従いコレクタ・エミッタ間に電流が流れるようになる．図 6.10(b) の等価回路がわかりやすいが，フォトダイオード相当の pn 接合で発生した電流が，トランジスタで増幅されてコレクタ電流になる．

6.2.2　音響センサ

音響センサには，いわゆる可聴音を検出するマイクロホンと，可聴音より上

の人の耳に聞こえない高い音を検出する超音波センサ,さらには超音波診断装置やAE (Acoustic Emission) 計測で用いられる [kHz]〜[MHz] オーダの振動を検出する超音波デバイスもある.

(1) マイクロホン

マイクロホンは,空気の粗密波である音によって生じる空気や気体の圧力変化すなわち音圧を,電気信号に変換するセンサである.音圧を受けるダイアフラム(振動板)と,ダイアフラムの振動を信号に変える変換器から構成される.

ダイナミックマイクは,変換器にコイルと磁石を用いたもので,ダイアフラムの振動を磁界中に置かれたコイルに伝え,生じる起電力で信号を取り出す.コンデンサマイクは,ダイアフラムをコンデンサの電極としておき,振動により静電容量が変化することを利用して信号を取り出す.携帯電話などの小型の機器には,エレクトレットという特殊な誘電体を用いて感度を上げ小型化したエレクトレットコンデンサマイクが用いられている.

(2) 超音波センサ

一般に超音波センサと呼ばれているデバイスは,可聴音より少し上の25〜40[kHz] 程度の周波数の超音波を使用する.同じ超音波センサで,音を検出するマイクと,音を送出するスピーカの機能を行うことができる.超音波センサは,距離の計測を行うものが多い.圧電素子を用い,音の検出には圧電効果,音の発生には逆電圧効果を利用している.

図6.11に,よく利用される超音波センサの構造を示す.振動子は電圧が加わるとたわみ変形を起こし,共振子を振動させることで超音波を放射する.

(3) 音 圧

音圧の絶対値は,音圧レベル(sound pressure level, SPL)と呼ばれ,基準音圧に対する比のデシベルで表示される.

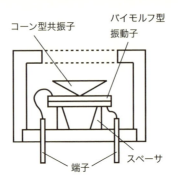

図 6.11 超音波センサの構造

$$\mathrm{SPL} = 20\log\left(\frac{p}{p_0}\right) \tag{6-3}$$

一般的な基準音圧 p_0 は，大気中で $20\,[\mu\mathrm{Pa}]$，水中で $1\,[\mu\mathrm{Pa}]$ である．音圧レベルの単位はデシベル［dB］であるが，絶対値の音圧であることを明示するために［dB SPL］と表記される．

6.2.3 温度センサ

温度センサには，接触式と非接触式がある．接触型温度センサには，測温抵抗体，熱電対，サーミスタがあり，非接触型には焦電センサがある．

(1) 測温抵抗体

測温抵抗体は，RTD（Resistance Temperature Detector）と呼ばれ，金属の電気抵抗が温度で変化することを利用した温度センサである．

金属の抵抗 R は，その温度 T によって以下のように変化する．

$$R = R_0(1+\alpha T) \tag{6-4}$$

ただし R_0 は $0\,[\mathrm{℃}]$ における抵抗，α は抵抗変化率［1/℃］である．

測温抵抗体は，抵抗値と温度の関係が直線的で再現性に優れているため，主に高精度な測定時に使用される．また特に低温測定の精度が高いという特徴を持つ．ただし，後述の熱電対とは違い，高温（$600\,[\mathrm{℃}]$ 以上）の測定には適さ

ない.

測温抵抗体の金属には,白金,ニッケル,銅等を用いる.特に白金は安定性,直線性に優れ,高精度,広い温度範囲(−180〜600[℃])での測定が可能である.

(2) 熱電対

熱電対は,異種の金属を接合させたときに温度差によって電圧を生じる,ゼーベック効果を用いた温度センサである.図 6.12 のように,異なる 2 種の金属を接合して 2 つの接合点を異なる温度にすると,それぞれの熱電能の違いから温度に応じた電圧が発生して一定の方向に電流が流れる.

金属の組み合わせと起電力は決まっており,1 つの接合点(低温接点)の温度がわかっていれば他端(高温接点)の温度がわかる.そのため低温接点の温度は水の氷点温度を利用したりする.

計測においては,温度を測定する接点を測温接点,温度の基準となる接点を基準接点と呼ぶ.また温度を電流で測るのではなく,図 6.13 のように,回路の途中を分断し電圧計を挿入し起電力で測定する.

実際には,図 6.14 に示すように,熱電対の接点を測温接点とし,他方を基

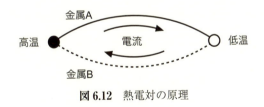

図 6.12 熱電対の原理

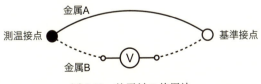

図 6.13 熱電対の使用法

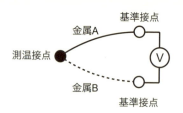

図 6.14　熱電対の使用法

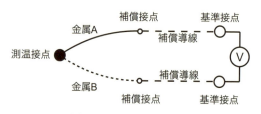

図 6.15　熱電対の使用法

準接点としてそこに発生する電圧を測定することが多い．また工業的には基準接点の温度として氷水の 0 度を用いるのではなく，別途温度を測る計測器により基準接点の温度を測り，それを基準温度とする．

熱電対は高価で，また計測器へ直接接続することが難しいことがある．その場合図 6.15 のように，熱電対とほぼ同等の熱起電力特性を有する補償導線を使用して，延長して計測器へ接続する．補償導線を使用せず銅線などで接続すると，補償接点と基準接点の温度差分の熱起電力の違いにより誤差が生じる．

熱電対は接合する金属ごとに特性が異なり，起電力の大きさ，直線性，安定性が異なる．そのため熱電対の種類，素線径は，JIS などの規格によって定められている．熱電対 K はアルメル，クロメルの組み合わせで，最も多く用いられている．直線性がよく，−200～1000[℃] の範囲での測定が可能である．熱電対 R は白金と，白金ロジウムの組み合わせで，精度がよくバラツキや劣化が少ないため，標準熱電対として利用されている．熱起電力が低いため，0～1400[℃] と高温の測定に向いている．

ゼーベック効果の逆がペルティエ効果であり，こちらは異なる金属を接合し

電圧をかけると接合点で熱の吸収・放出が起こる現象である．

(3) サーミスタ

サーミスタ（Thermistor）という名称は，熱に敏感な抵抗体（Thermally Sensitive Resistor）に由来している．温度の変化につれてその抵抗値が大きく変化する素子である．温度が上がると抵抗値が下がる NTC（negative temperature coefficient）サーミスタ，逆に温度が上がると抵抗値が高くなる PTC（positive temperature coefficient）サーミスタがある．例えば NTC サーミスタは，ニッケル，マンガン，コバルト，鉄などの金属酸化物を混合して焼結したセラミックスで作られている．

(4) IC 温度センサ

IC 温度センサは，シリコントランジスタのベースエミッタ間電圧の温度変化への依存性を利用したセンサである．使用温度範囲は $-50 \sim +200$ [℃] の常温付近である．出力電圧が温度変化に対し直線的になるような補正回路を一体化している．

(5) 焦電センサ

焦電センサは，焦電効果によって赤外線を含む光を検出するセンサである．焦電効果とは，自然分極を持つセラミクスなどで，温度の変化に応じて分極の大きさが変化し，起電力を発生する現象である．放射光（赤外線）を焦電効果により測定するセンサであり，人感センサとして多用される．

6.2.4 磁気センサ

磁気センサは，磁場や磁界の大きさ・方向を計測することを目的としたセンサである．磁場の大きさ，交流あるいは直流など，測定対象に応じてさまざまな磁気センサが存在する．簡単なものはコイルで磁場変動による起電流を計測する方式であるが，ここでは固体磁気センサを中心に述べる．

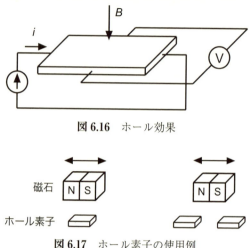

図 6.16 ホール効果

図 6.17 ホール素子の使用例

(1) ホール素子

ホール素子は，ホール効果（Hall effect）を用いて磁場を検出する磁気センサである．ホール効果とは図 6.16 に示すように，半導体に電流を流しておき，電流に垂直に磁場をかけると，電流と磁場の両方に直交する方向に電圧が生じる現象である．

ホール効果は一般の材料では小さいが，シリコンやゲルマニウムなどの半導体では大きく生じる．磁石とホール素子の組み合わせは，移動量を検出する用途に用いられる．

図 6.17 に，ホール素子の使い方の例を示す．図 6.17(a)は，磁石の直下にホール素子を置いた例である．磁石の左右の移動に応じて，正負の直線的な出力が得られる．図 6.17(b)は，ホール素子を 2 つ用いた例である．ホール素子の出力をプッシュプルで用いる．(a)に比べ，磁石の移動ストロークを大きくとることができる．

(2) 磁気抵抗素子

磁場により電気抵抗が変化する磁気抵抗効果を利用した素子で，MR

(Magneto Resistance) 素子とも呼ばれる．特に電気抵抗の相対変化の度合いが大きい巨大磁気抵抗効果を利用したものを GMR (Giant Magneto Resistance) 素子と呼び，磁気計測器のほかハードディスクの磁気ヘッドに用いられ，記録密度の向上に大きく貢献している．

(3) SQUID

SQUID (Superconducting Quantum Interference Device) とは，ジョセフソン接合を用いた磁気センサで，超伝導における磁束の量子化を利用し，フェムトテスラ [fT] までの微小な磁場を測定することができる．

6.2.5 位置センサ

位置センサには，物体がある位置に来たら知らせるものと，物体の移動量あるいは物体との距離を測るものがある．前者にはフォトインタラプタやフォトリフレクタがある．後者のうち，微小距離には静電容量，インダクタンスや渦電流を用いた微小変位計，中距離にはレーザ変位計やリニアエンコーダ，比較的長い距離には超音波や光，電波の飛翔時間 (TOF, Time-of-Flight) を用いた距離計測が行われる．

(1) フォトインタラプタ

非接触で，物体が近くに来たら検知する位置検知センサにフォトインタラプタがある．フォトインタラプタの構造を図 6.18 に示す．

センサの中央のへこみに物体が入ると発光ダイオードからの光が遮られ，フォトトランジスタの出力が減少する．これにより，対象物の通過を検知するセンサである．出力は，オンかオフのデジタル出力である．

(2) フォトリフレクタ

図 6.19 に，フォトリフレクタの構造を示す．赤外線発光ダイオードとフォトトランジスタとの組合せで，測定対象からの反射光を受光し，その強度によ

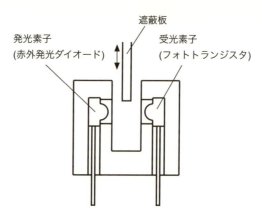

図 6.18　フォトインタラプタの構造

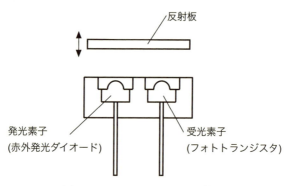

図 6.19　フォトリフレクタの構造

って対象との距離を測る．

(3)　距離の測定原理

　物体との距離を測るセンサは，多種多様なものがある．それらの原理と，おおよその分解能，レンジ，応答周波数についてまとめた．**図 6.20** は光を使ったもの，**図 6.21** は光以外の原理に基づくものである．

6.2 光，および位置，速度，加速度のセンサ

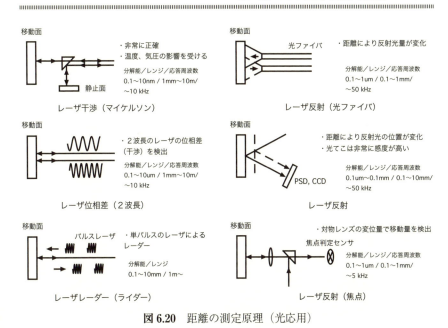

図 6.20 距離の測定原理（光応用）

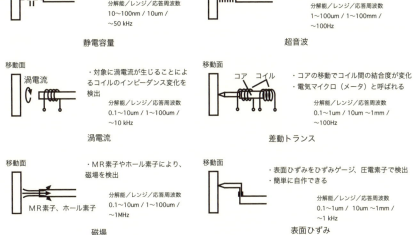

図 6.21 距離の測定原理（光以外）

6.2.6 角度センサ

角度センサには，角度を計測するものと，回転数を計測するものがある．

(1) ポテンショメータ

ポテンショメータとは，本来，可変抵抗器の総称であるが，日本では位置や回転角に応じて抵抗値が変化する可変抵抗器を指すことが多い．リニア型と回転型があり，回転型には多回転型のものもある．

回転型で1回転型のものは，簡易的な角度センサとして用いられる．回転軸の回転角が変化するとそれに伴ってブラシが移動し，アナログ的に抵抗値が変化する．安価で，手軽に回転角度を測ることができる．

(2) ロータリエンコーダ

ロータリエンコーダは，多数のスリットが開けられた円盤を回転軸に取り付け，フォトインタラプタで信号を読み取って回転角度を計測するセンサである．ロータリエンコーダの構造の例を，図 6.22 に示す．光源からの光は円盤のス

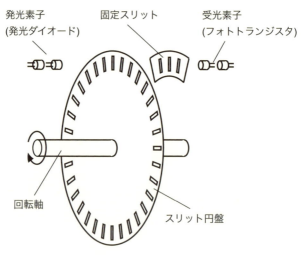

図 6.22　ロータリエンコーダの構造

6.2 光,および位置,速度,加速度のセンサ

リットを通り,受光素子によって検出されるが,円盤が回転するので信号はオンオフ信号として検出される.オンオフの数を数えれば回転角が,単位時間の頻度を数えれば回転速度がわかる.角度の分解能はスリットの数に依存し,一般的にモータ制御に使われるものでは200～2000程度である.絶対回転角を検出するアブソリュート型ロータリエンコーダと,ある点からどの程度回転したのかの相対的回転角度を検出するインクリメンタル型ロータリエンコーダがある.

(3) アブソリュート型ロータリエンコーダ

回転角度の絶対値を計測できるエンコーダで,回転角度に対応したバイナリーコードを出力する.スリットパタンの例を,図 6.23 に示す.2 進数パタン,あるいは 2 進化 10 進数(BCD, binary coded decimal)パタンで,回転角がわかるようになっている.絶対回転角が直接計測できるため,電源が切れても復帰直後に,回転角度を知ることができる.ただ機器が複雑で大型になり,また高価である.

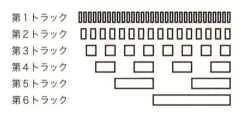

図 6.23 アブソリュート形ロータリコンダクタのスリットパタンの例

(4) インクリメンタル型ロータリエンコーダ

ある時点からの相対回転角を計測するエンコーダで,90 度(1/4 ピッチ)位相のずれた A, B 相と,原点を表す Z 相の信号を出力する.これらの信号から,原点からの回転角,回転方向を導出する.

インクリメンタル型ロータリエンコーダでは,2 組の発光/受光素子が,スリット間隔の 1/4 ピッチずれて取り付けられている.これらの信号は A 相,

第6章　センサとアクチュエータ～デバイスとその動作原理～

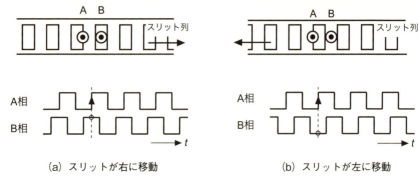

図 6.24　方向の判別の原理

B相と呼ばれ，方向を判別するとともに逓倍して計測精度を高めることも行われる．**図 6.24** を用いて，方向の判別の原理を説明する．A相B相，2組の発光／受光素子は，この例ではスリットピッチの 3/4 だけ離れた位置に置かれている．図 6.24(a) のようにスリットが右に移動するときは，A相が High になる立ち上がり時B相信号は High となっているが，図 6.24(b) のようにスリットが左に移動するときは，A相信号の立ち上がり時B相信号は Low となっている．A相信号の立ち上がり時のB相信号を見ることで，方向の判別ができる．

インクリメンタル型ロータリエンコーダでは，ある時点からの相対角度が計測される．ある時点の角度をゼロとしておけば，カウンタの値を読み取ることで，任意の時点での角度を知ることが可能となる．そのため，A相B相以外にZ相と呼ばれる1箇所だけスリットがあいたトラックが設けられており，その信号を基準とする．

6.2.7　加速度センサ

加速度センサには，並進加速度を測るものと回転加速度を測るものがある．

加速度センサは，基本的には慣性マスをバネ・ダンパで支えたバネマス系で構成されており，慣性マスの変位を計測するか，変位がゼロとなるようフィードバックすることにより，加速度を計算する．

慣性マスの変位の検出方法により加速度センサは分類される．静電容量型加速度センサは，慣性マスの変位によってコンデンサの間隔が変化するように構成されており，コンデンサの静電容量を計測することで加速度を得る．ひずみゲージ式加速度センサは，慣性マスが板バネによって支えられており，その慣性マスの変位をひずみゲージで計測することで加速度を得る．ひずみゲージではなく，ピエゾ抵抗を用いてする加速度センサも，MEMS（Micro Electro Mechanical Systems）技術を用いて多く作られている．

6.2.8 圧力センサ

圧力センサには，物体間の圧力を検出するいわゆる圧力センサと，気体を対象とした気圧センサがある．ここでは物体間の圧力を検出する圧力センサとしてFSRを取り上げる．また次節で取り上げる力センサを応用した圧力センサも，しばしば持いられる．

FSR（Force-Sensitive Resistor）は，加わっている圧力によって抵抗値が変化する素子である．ひずみゲージのように構造材に貼り付ける手間がないため，簡便に利用できる．しかし，精密な圧力値を計測する用途には向かない．非常に安価で簡便なセンサとして利用されることが多い．

ひずみゲージに比べると取り扱いが簡単で，高感度なアンプも不要である．ただし，計測される圧力値は非線形性が強く，圧力が加わってからの時間変化も大きいため，圧力の絶対値を計測する目的には不向きである．

6.3 力センサ

機械工学において力の計測は，最も重要な技術の一つである．力を計測するセンサには，弾性体に生じるひずみを検出するもの，圧電効果により発生する電荷を検出するもの，の2つが代表的である．特にここでは前者の，ひずみゲージを用いて弾性体に生じるひずみを検出して力を計測するセンサについて述べる．

6.3.1 ひずみゲージ（ストレインゲージ）

ひずみゲージはストレインゲージとも呼ばれ，ひずみを電気抵抗の変化として検出する素子である．ひずみゲージを弾性体の表面に貼り付けておき，弾性体が変形することによって生じる表面ひずみを検出する．

(1) ひずみゲージの構造と原理

ひずみゲージの構造を，図 6.25 に示す．

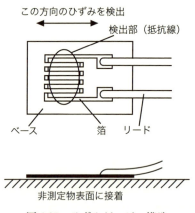

図 6.25 ひずみゲージの構造

ひずみゲージは，薄い箔状のベースにジグザクの薄膜抵抗線を形成した構造であり，抵抗線の長手方向のひずみを抵抗変化として検出する．ひずみゲージは，非測定物（構造体）の表面に接着剤で貼り付けて用いられる．

ひずみゲージの抵抗線には，銅ニッケル合金やニッケルクロム合金が用いられる．抵抗線の，ひずみによる抵抗変化を考える．抵抗線を，図 6.26 に示すような，長さ L，断面積 B^2 のワイヤとしてモデル化する．

このワイヤの両端の抵抗 R は，

$$R = \rho L / B^2 \tag{6-5}$$

と表すことができる．ただし ρ は比抵抗であり，単位は [Ω·m] である．

この式を全微分すると，

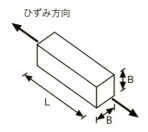

図 6.26 抵抗線のモデル

$$\frac{\Delta R}{R} = \frac{\Delta \rho}{\rho} + \frac{\Delta L}{L} - 2\frac{\Delta B}{B} \tag{6-6}$$

となる．比抵抗 ρ は物性値であるから変化しないと考え，$\Delta\rho/\rho=0$ と置く．また $\Delta L/L$ はひずみなので，$\Delta L/L=\varepsilon$ とする．さらにポアソン比を ν とすると，$\Delta B/B=-\varepsilon\nu$ と表すことができる．これらを式(6-6)に代入すると，

$$\frac{\Delta R}{R} = \varepsilon + 2\varepsilon\nu = \varepsilon(1+2\nu) = K\varepsilon \tag{6-7}$$

が得られる．

K はひずみゲージ固有の感度であり，ゲージ率と呼ばれる．ゲージ率は，金属抵抗線を用いた金属ひずみゲージでは約2，半導体のピエゾ抵抗効果を用いた半導体ひずみゲージは 100〜200 の値をとる．またひずみゲージの抵抗 R は，120[Ω] のものが多い．

ひずみ ε および抵抗変化率 $\Delta R/R$ は無次元数である．しかし単位を表記しないとわかりにくい場合は，[strain]（ストレイン）あるいは [st.] の単位で表記される．特にひずみの値は小さいことが多いので，[μst.] の単位がよく用いられる．

ひずみゲージを用いると，数 [μst.] のオーダーの計測が可能である．実感として，10[μst.] の分解能までは簡単に実現でき，雑音等に注意すれば 1 [μst.] まで計測可能である．この分解能は，1[m] の長さのものを 1[μm] の正確さで測ることに相当する．またひずみの最大値は，材料にもよるが金属の降伏点を 4000[μst.] とすると，直線性等の点からひずみゲージで検出するひ

ずみは 1000 [μst.] 以下で用いるのがよい.

ひずみゲージには,金属ひずみゲージと半導体ひずみゲージとがある.

金属ひずみゲージは,使いやすく安価である.ゲージ率は 2 程度である.温度変化によっても抵抗が変化するので,特に長時間測定の場合は,なんらかの補償をすることが必要である.また,鋼,ステンレス,アルミ合金など,貼付する材料の線膨張係数に合わせた特性のひずみゲージが市販されている.

抵抗線にワイヤを用いたワイヤゲージ(線ゲージ)と,金属膜を用いたフォイルゲージ(箔ゲージ)があるが,通常我々が使うのは後者のフォイルゲージである.

半導体ひずみゲージは,ゲージ率が大きく 100~200 の値をもつ.金属ひずみゲージに比べて高感度であるが,温度変化の影響を受けやすい,光にも反応するなど,取り扱いが難しい.また,価格も金属ひずみゲージより高価である.

半導体ひずみゲージの原理は,半導体のピエゾ抵抗効果によっている.ピエゾ抵抗効果とは,半導体結晶に圧力が加わるとそれにともなってひずみが生じる.そのひずみによって半導体結晶の内部エネルギ構造が変化し,その結果キャリア(電子や正孔)の移動量が変化して電気抵抗が変化するというものである.

(2) 抵抗変化の検出

ひずみゲージの抵抗変化は,ホイートストンブリッジ回路を用いて,電圧変化として検出される.ホイートストンブリッジ回路を,**図 6.27** に示す.

ホイートストンブリッジ回路は,四辺に抵抗が配置された構成で,向かい合った 1 組の接点に電圧を印加し,もう 1 組の接点から電圧を取り出す.

図 6.27 のホイートストンブリッジ回路を解析する.ブリッジへ印加する電圧を e_i,出力電圧を e_0 とする.ブリッジの 2 つの辺に流れる電流を i_1, i_2 とすると,それぞれ,

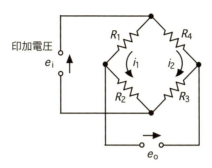

図 6.27 ホイートストンブリッジ回路

$$i_1 = \frac{e_i}{R_1+R_2}, \quad i_2 = \frac{e_i}{R_3+R_4} \tag{6-8}$$

と表すことができる．このときの出力電圧 e_0 は，

$$e_0 = R_1 i_1 - R_4 i_2 (= -R_2 i_1 + R_3 i_2)$$

$$= \frac{R_1}{R_1+R_2} e_i - \frac{R_4}{R_3+R_4} e_i = \frac{R_1 R_3 - R_2 R_4}{(R_1+R_2)(R_3+R_4)} e_i \tag{6-9}$$

となる．各辺の抵抗が，

$$R_1 R_3 = R_2 R_4 \tag{6-10}$$

の関係を満たすとき，出力電圧 $e_0 = 0$ となり，このときをブリッジが平衡状態にあると言う．

今，簡略化のために，

$$R_1 = R_2 = R_3 = R_4 = R \tag{6-11}$$

とする．このときは平衡状態であり，当然出力電圧 $e_0 = 0$ である．**図 6.28** のように抵抗の一つ R_1 が，

$$R_1 = R + \Delta R \tag{6-12}$$

に変化したとする．

以下，入力 e_i と出力 e_0 の比で考えるとする．入出力電圧の比は，

$$\frac{e_0}{e_i} = \frac{\Delta R}{2(2R+\Delta R)} \cong \frac{\Delta R}{4R} \tag{6-13}$$

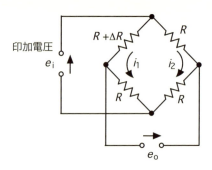

図 6.28 一つのひずみゲージの抵抗が変化

となり，抵抗の変化に比例した電圧が現れる．R_1 をひずみゲージであると考えると，式(6-7)から，

$$\frac{e_0}{e_i} = \frac{\Delta R}{4R} = \frac{1}{4} K \varepsilon \tag{6-14}$$

となる．すなわち，ひずみゲージで検出したひずみに比例した電圧が現れることになる．図 6.28 の構成は，ブリッジの四辺のうち 1 辺にひずみゲージを入れることから，1 ゲージ法と呼ぶ．

次に，隣り合った 2 つの抵抗が変化する場合を考える．**図 6.29** のように，

$$R_1 = R + \Delta R, \quad R_2 = R - \Delta R \tag{6-15}$$

となったとする．このとき，抵抗の変化の方向がお互い逆であるようにする必要がある．抵抗がひずみゲージであるとすると，この例では，R_1 のひずみゲージが伸びて（引っ張りひずみを受けて），R_2 のひずみゲージが縮んで（圧縮ひずみを受けて）いることになる．

同様に計算して，

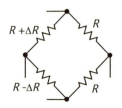

図 6.29 隣り合った 2 つのひずみゲージの抵抗が逆方向に変化

$$\frac{e_0}{e_i} = \frac{\Delta R}{2R} = \frac{1}{2} K\varepsilon \tag{6-16}$$

となる．ブリッジの隣り合った2辺に抵抗が入るので，これを2ゲージ法と呼ぶ．1ゲージ法と比べ，出力は2倍となる．

　抵抗の値の変化が，$R_1=R+\Delta R$ かつ $R_2=R+\Delta R$，あるいは，$R_1=R-\Delta R$ かつ，$R_2=R-\Delta R$ の場合は，出力電圧は $e_0=0$ のままである．これは2つのひずみゲージが，両方とも伸びるか，両方とも縮んでいる場合に相当する．ブリッジの隣り合った2辺のゲージは，抵抗変化の方向が逆となるよう，配置する必要がある．また，抵抗変化の方向が同じであるとキャンセルして出力が出ないことを積極的に利用して，後述のように温度変化の影響や，干渉成分のキャンセルを行う．

　さらに，4辺の抵抗が変化する場合を考える．**図6.30** のように，

$$R_1=R+\Delta R, \ R_2=R-\Delta R, \ R_3=R+\Delta R, \ R_4=R-\Delta R \tag{6-17}$$

となったとする．今度は，対角の抵抗の変化が同方向，隣り合った抵抗の変化が逆方向である．この例では，R_1，R_3 のひずみゲージが伸びて（引っ張りひずみを受けて），R_2，R_4 のひずみゲージが縮んで（圧縮ひずみを受けて）いることになる．同様に計算して，

$$\frac{e_0}{e_i} = \frac{\Delta R}{R} = K\varepsilon \tag{6-18}$$

となる．ブリッジの隣り合った4辺に抵抗が入るので，これを4ゲージ法と呼ぶ．1ゲージ法と比べ，出力は4倍となる．

　抵抗の値の変化が，$R_1=R+\Delta R$ かつ $R_2=R+\Delta R$，あるいは，$R_2=R-\Delta R$ か

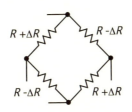

図6.30　4つのひずみゲージで隣り合った抵抗が逆方向に変化

つ，$R_3=R-\Delta R$ など，隣り合った抵抗の変化の方向が同じ場合は，出力電圧は $e_0=0$ のままである．4ゲージ法では，ブリッジの向かい合った2辺のゲージは抵抗変化の方向が同じ，隣り合った2辺のゲージは抵抗変化の方向が逆，となるよう配置する必要がある．2ゲージ法と同様，キャンセル効果を積極的に利用して，干渉成分のキャンセルを行う．

なお，ホイートストンブリッジ回路は，一般的には $R_1R_3=R_2R_4$ となるようにバランスをとって計測を行う，いわば零位法による検出手法である．しかしひずみゲージの抵抗変化をホイートストンブリッジ回路で検出する場合は，計測前に零位法として出力がゼロとなるようバランスをとっておき，計測が始まったら偏位法として抵抗変化を取り出していることになる．

(3) 温度補償および干渉のキャンセル

ひずみゲージを用いるときは，温度変化による抵抗変化の影響を補償することが重要である．これを温度補償と呼ぶ．

ひずみゲージの温度が上昇すると，ひずみゲージの抵抗値が変化してしまう．しかし同じ温度特性のひずみゲージであれば，抵抗変化も同じである．そのためブリッジの隣り合った辺にこの2つのひずみゲージを配置すれば，抵抗値の変化の影響を，打ち消すことができる．

ひずみゲージを貼付した構造体も，温度変化により伸縮する．そのため鋼，ステンレス，アルミ合金など，貼付する材料の線膨張係数に合わせた特性のひずみゲージが作られている．構造体の材料に合わせたひずみゲージを選択することで，温度変化によるひずみゲージの抵抗変化をキャンセルすることができる．ただし構造体の温度変化が一様でなく，構造体内に非等方的なひずみを生じるときには，キャンセルできないことがある．

温度補償とともに，検出したくない力による出力への影響（これを干渉と呼ぶ）をキャンセルすることも重要である．具体的に言えば，引っ張り力を計りたいときに曲げの影響をキャンセルする，曲げのモーメントを計りたいときに引っ張り力の影響をキャンセルする，ある軸方向の力を計りたいときにそれと

直交する方向の力の影響をキャンセルする，など，たくさんの応用例がある．

(4) ひずみゲージの配置とブリッジの構成

図 6.31～図 6.35 に，一軸方向の引張り・圧縮応力を測る場合のひずみゲージの配置例を示す．出力の大きさ，温度による抵抗変化の補償の有無，曲げによる干渉の補償の有無に注意して，比較して欲しい．

図 6.31 は，検出したい応力によるひずみの方向に 1 枚のひずみゲージを貼付するもので，最も基本的な使い方である．温度補償，曲げ干渉の補償はなく，温度変化や曲げの干渉を受ける．

図 6.32 は，検出したい応力によるひずみの方向に 2 枚のひずみゲージを貼付するものである．ブリッジの対角にゲージを配置し，2 ゲージ法により検出を行うため，感度は図 6.31 の 2 倍となる．温度補償，曲げ干渉の補償はなく，温度変化や曲げの干渉を受ける．

図 6.33 は，検出したい応力によるひずみの方向に，部材の上下面にそれぞれひずみゲージを貼付するものである．ブリッジの対角にゲージを配置し 2 ゲージ法により検出を行うため，感度は図 6.31 の 2 倍となる．温度補償はなく

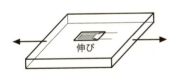

1ゲージ法
$$\frac{e_o}{e_i} = \frac{1}{4} K \varepsilon$$
×温度補償
×曲げ干渉の補償

図 6.31 引張り検出用ひずみゲージの配置例（1 ゲージ）

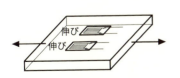 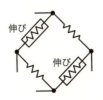

2ゲージ法
$$\frac{e_o}{e_i} = \frac{1}{2} K \varepsilon$$
×温度補償
×曲げ干渉の補償

図 6.32 引張り検出用ひずみゲージの配置例（2 ゲージ）

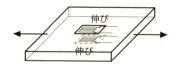 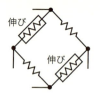

2ゲージ法

$$\frac{e_o}{e_i} = \frac{1}{2} K\varepsilon$$

×温度補償
○曲げ干渉の補償

図 6.33　引張り検出用ひずみゲージの配置例（2 ゲージ）

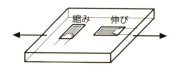

2ゲージ法

$$\frac{e_o}{e_i} = \frac{(1+\nu)}{4} K\varepsilon$$

○温度補償
×曲げ干渉の補償

図 6.34　引張り検出用ひずみゲージの配置例（2 ゲージ）

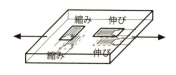 

4ゲージ法

$$\frac{e_o}{e_i} = \frac{(1+\nu)}{2} K\varepsilon$$

○温度補償
○曲げ干渉の補償

図 6.35　引張り検出用ひずみゲージの配置例（4 ゲージ）

温度変化の干渉を受けるが，曲げに対しては抵抗変化の方向が逆となるため，干渉を低減することができる．

図 6.34 は，検出したい応力によるひずみの方向とその直交方向に，それぞれひずみゲージを貼付するものである．ブリッジの隣り合った辺にゲージを配置し，2ゲージ法により検出を行う．1枚のゲージはポアソン比で縮むため，感度は図 6.31 よりは大きいが 2 倍よりは低くなる．曲げ干渉の補償はないが，隣り合った辺にゲージが配置されているため，温度変化に対しては干渉を低減することができる．

図 6.35 は，検出したい応力によるひずみの方向とその直交方向に，それぞれ部材の上下面に計 4 枚のひずみゲージを貼付するもので，4ゲージ法により

検出を行う．感度は図6.31の4倍となる．温度変化および曲げに対して，干渉を低減することができる．

図6.36～図6.39に，曲げに対する応力を測る場合のひずみゲージの配置例を示す．これらも，出力の大きさ，温度による抵抗変化の補償の有無，曲げによる干渉の補償の有無に注意して，比較して欲しい．

図6.36は，検出したい曲げ応力によるひずみの方向に1枚のひずみゲージを貼付するもので，最も基本的な使い方である．ただし図6.31と同じ配置なので，引張り・圧縮がかかると，それもそのまま検出してしまう．温度補償，引張り干渉の補償はなく，温度変化や引張りの干渉も受ける．

図6.37は，検出したい曲げ応力によるひずみの方向に2枚のひずみゲージを貼付するものである．2ゲージ法により検出を行うため，感度は図6.36の2倍となる．図6.36と同様，温度補償，曲げ干渉の補償はなく，温度変化や曲げの干渉を受ける．

図6.38は検出したい曲げ応力によるひずみの方向に，部材の上下面にそれぞれひずみゲージを貼付するものである．2ゲージ法により検出を行うため，感度は図6.36の2倍となる．ブリッジの隣り合った辺にゲージが配置され，温度変化および引っ張りによる抵抗変化は同じ方向であるため，これらの干渉を低減することができる．

図6.39は検出したい曲げ応力によるひずみの方向に，部材の上下面にそれぞれ2枚，計4枚のひずみゲージを貼付するものである．4ゲージ法により検出を行うため，感度は図6.36の4倍となる．やはり温度変化および引っ張りによる干渉を低減することができる．

図6.40および図6.41に，軸の引張り・圧縮とねじりを検出する場合の，2ゲージ法によるひずみゲージの配置例を示す．ひずみゲージの貼付方向を変えることで，それぞれの応力によるひずみを検出することができる．

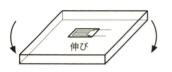

伸び
伸び
1ゲージ法
$\frac{e_o}{e_i}=\frac{1}{4}K\varepsilon$
×温度補償
×引張り干渉の補償

図 6.36　曲げ検出用ひずみゲージの配置例（1 ゲージ）

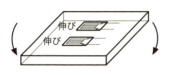

伸び
伸び
伸び
伸び
2ゲージ法
$\frac{e_o}{e_i}=\frac{1}{2}K\varepsilon$
×温度補償
×引張り干渉の補償

図 6.37　曲げ検出用ひずみゲージの配置例（2 ゲージ）

伸び
縮み
伸び
縮み
2ゲージ法
$\frac{e_o}{e_i}=\frac{1}{2}K\varepsilon$
○温度補償
○引張り干渉の補償

図 6.38　曲げ検出用ひずみゲージの配置例（2 ゲージ）

伸び
縮み
伸び
縮み
伸び
縮み
縮み
伸び
4ゲージ法
$\frac{e_o}{e_i}=K\varepsilon$
○温度補償
○引張り干渉の補償

図 6.39　曲げ検出用ひずみゲージの配置例（4 ゲージ）

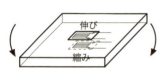

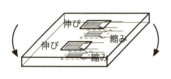

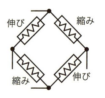

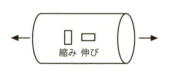

縮み
伸び
伸び
縮み
2ゲージ法
$\frac{e_o}{e_i}=\frac{(1+\nu)}{4}K\varepsilon$
○温度補償
×ねじり干渉の補償

図 6.40　軸の引張り・圧縮の検出用ひずみゲージの配置例

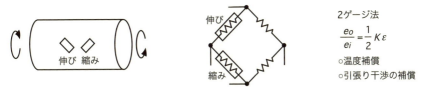

図 6.41 軸のねじりの検出用ひずみゲージの配置例

6.3.2 力センサの基本構造

(1) 力センサの構造

力センサの基本構造を，**図 6.42** に示す．力センサは，2 つの剛体部の間に弾性体部を持ち，力による弾性体部の変形をひずみゲージ検出することで力の情報を得ている．ひずみを生じさせることから，弾性体部は起歪体と呼ばれている．

力センサで力を検出する様子を，**図 6.43** に示す．ほとんどの力センサでは，図 6.43(a)のように弾性体部を変形させており，検出原理としては偏位法である．図 6.43(b)のように，弾性部の変形を検出しそれがゼロとなるように対抗力を発生させフィードバックかける手法もある．この場合の検出原理は零位法となる．

起歪体では，力による変形（ひずみ）を集中させ，そこにひずみゲージを貼付することで高感度に力を電気信号に変換する．

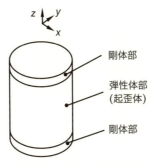

図 6.42 力センサの基本構造

第6章 センサとアクチュエータ〜デバイスとその動作原理〜

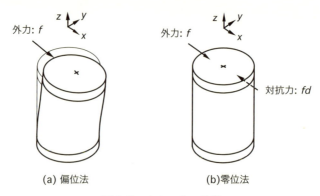

(a) 偏位法 (b)零位法

図 6.43 力センサの検出

　感度よく力を検出するために，力により部材に曲げ変形を起こさせ，その曲げによる表面ひずみを検出する手法が多くとられる．力センサに多く用いられる構成を，図 6.44〜図 6.46 に示す．

　最も基本的な構造は，片持ち梁（カンチレバー）構造の先端に力がかかるようにしておき，梁の根元の部分にひずみゲージを貼付して，曲げによる表面ひずみを検出するものである．梁の先端に力が加わっているため，梁の根元では大きな表面ひずみが生じる．図 6.44 は 1 ゲージ法，図 6.45 は 2 ゲージ法で検出する例である．

　片持ち梁構造では，力が加わると先端が傾いてしまい，使い勝手が悪い．それに対して，図 6.46 の平行平板（平行板バネ）と呼ばれる検出構造は，力が加わっても先端部は傾かない．また力による先端部の変位も少なく，剛性を高く保つことができる．そのため，実際の力センサでは，この構造およびその変形がよく用いられる．図 6.46 は，平行平板構造と 4 ゲージ法で力を検出する場合の，ひずみゲージの貼付例である．

　1 軸方向の力を測る力センサの例を，図 6.47 に示す．ロードセル，弾性環ともに，力により発生する表面ひずみを検出している．

6.3 力センサ

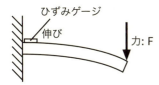 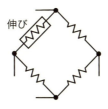

1ゲージ法

$$\frac{e_o}{e_i} = \frac{1}{4} K\varepsilon$$

図 6.44　1ゲージ法での力の検出

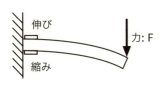 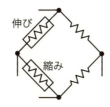

2ゲージ法

$$\frac{e_o}{e_i} = \frac{1}{2} K\varepsilon$$

図 6.45　2ゲージ法での力の検出

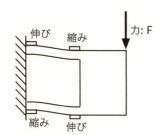 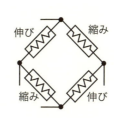

ゲージ法

$$\frac{e_o}{e_i} = K\varepsilon$$

図 6.46　4ゲージ法での力の検出

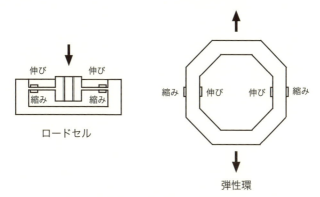

図 6.47　1軸の力センサの例

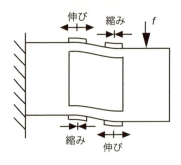 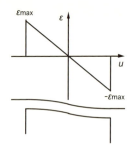

(a) 力による変形　　　　　　(b) 平板上のひずみ分布

図 6.48　平行平板構造

(2) 平行平板構造の解析

平行平板構造は，前述のように力を受けても可動部（受圧部）が固定ブロックとほぼ平行に変位し，傾くことが少ない．そのためセンサの構造としてよく用いられる．ここでは，力センサに応用するため，平行平板構造の解析をしておく．

図 6.48(a) のように，平行平板構造の可動部に，力 f が加わっている状況を考える．可動部は固定部とほぼ並行に移動し，平板部の表面には伸びと縮みのひずみが生じる．

図 6.48(b) は，上側平板の表面ひずみの分布の様子である．平板の両端で，引っ張り（伸び）と圧縮（縮み）のひずみの最大値をとる．この両端の位置を目標にして，ひずみゲージを貼付する．

変板部の変形の解析をするために，**図 6.49** のように記号を定める．平行平板のうち片側の平板を考えるため，平板の先端に $f/2$ の力が加わっていると考える．

梁の方程式を求めると，

$$EI\frac{d^3v}{du^3} = -\frac{1}{2}f \tag{6-19}$$

となる．ただし，E はヤング率，I は断面二次モーメントで，図 6.49 の記号を

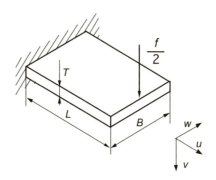

図 6.49 平行平板構造の片側平板のモデル

使うと,

$$I = \frac{1}{12}BT^3 \tag{6-20}$$

となる.

式(6-19)を,梁の固定端で変位および傾きがゼロ,梁の先端で傾きがゼロという条件,すなわち,

$$v|_{u=0} = 0, \quad \left.\frac{dv}{du}\right|_{u=0} = 0, \quad \left.\frac{dv}{du}\right|_{u=L} = 0 \tag{6-21}$$

で解くと,

$$v = \frac{L^3}{2EBT^3}f \tag{6-22}$$

となる.

またひずみの最大値は,梁の固定端での曲率と板厚の1/2の積であるから,

$$\varepsilon_{\max} = \frac{T}{2} \cdot \frac{1}{EI} \cdot \left.\frac{d^2v}{du^2}\right|_{u=0} = \frac{T}{2} \cdot \frac{12}{EBT^3} \cdot \frac{1}{4}Lf = \frac{3L}{2EBT^2}f \tag{6-23}$$

が得られる.

力センサは,力によって構造体を変位させ,その変位を計測すると言ってもよい.従って,力センサは,変位センサでもある.センサの性能を表す指標として,力に対する感度 S[st./N],変位に対する感度 D[st./m],コンプライア

ンス $C[\mathrm{m/N}]$ を定義しておく．式(6-22)と(6-23)から，

$$S = \frac{\varepsilon_{\max}}{f} = \frac{3L}{2EBT^2} \tag{6-24}$$

$$D = \frac{\varepsilon_{\max}}{v} = \frac{3T}{L^2} \tag{6-25}$$

$$C = \frac{v}{f} = \frac{L^3}{2EBT^3} \tag{6-26}$$

となる．またこれらの3つの値は独立ではなく，

$$C = \frac{S}{D} \tag{6-27}$$

の関係がある．

　実際の力センサの設計にあたっては，定格の力あるいは変位が加わった場合の最大ひずみ $\varepsilon_{\max}$ は，500[μst.]程度となるようにしておくのが一つの目安である．最大ひずみを大きく設計すると，材料の弾性変形領域を超えてしまうことがある．

　図 6.50 に，平行平板構造の変形例を示す．両持ち平行平板構造は，両側支持なので構造体に組み込みやすい．また多穴平行平板構造は検出方向以外の剛

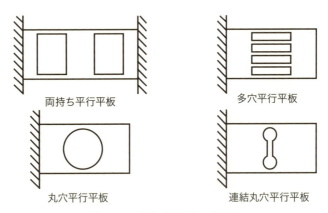

図 6.50 平行平板構造の変形例

性が高い,丸穴平行平板構造は加工が容易,連結丸穴平行平板構造はさらに加工が容易,などの特徴がある.

6.3.3 多軸力センサ

(1) 力の成分

一般に力 f とは,大きさと方向を持った3次元ベクトル量であり,直交座標系では,図 6.51(a)に示すように3つの成分 f_x, f_y, f_z に分解できる.同様に,モーメント m も大きさと方向を持った3次元ベクトル量であり,直交座標系では,図 6.51(b)に示すように3つの成分 m_x, m_y, m_z に分解できる.ある剛体にかかる力は,これら6つの成分で完全に記述することができる.

これらの力の成分を指すとき軸力という言葉を用いる.力の3軸力とモーメントの3軸力をまとめて,6軸力となる.6軸力センサとは,これら6つの成分を検出する力センサのことである.

力は,離れたところに原点があると,モーメントとしても観測される.図 6.52 のように原点から r 離れたところに着力点がある力 f は,原点で観測すると,力 f とモーメント $m = r \times f$ が同時にかかっているように観測される.力の値を議論するときには,どの位置に原点をとって表した値か,常に意識しておく必要がある.

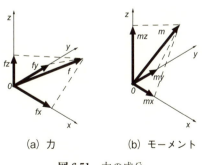

図 6.51 力の成分

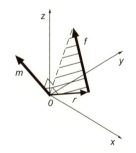

図 6.52 原点から離れたところに着力点がある力

(2) 力とモーメントを検出するセンサ

図 6.53 は，1 つの構造体で力とモーメントを検出できる，最も基本的な構造体である．力を受けるブロックが，左右 2 つの平板で固定されている構造である．平板の両端にはひずみゲージが貼付されている．

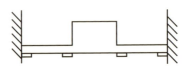

図 6.53 力とモーメントを検出するセンサ構造の例

ブロックに力とモーメントが加わった場合の変形の様子およびブリッジの構成を，**図 6.54**(a)，(b)に示す．

力とモーメントに対して変形が異なるため，ブリッジの構成を変えることで両者を別のものとして検出できる．力を検出するブリッジ構成ではモーメント

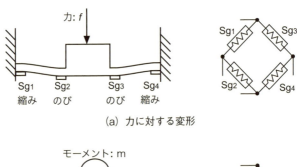

(a) 力に対する変形

(b) モーメントに対する変形

図 6.54 センサ変形とブリッジの構成

はキャンセルされ，逆にモーメントを検出する構成では力はキャンセルされる．

この構造は，紙面の手前，奥行き方向にも平板を設けることで，1軸の力と2軸のモーメントを検出することができる．

(3) 平行平板構造を用いた3軸力センサ

平行平板構造を使ったセンサの例を図 6.55 に示す．f_x, f_y, f_zの3軸力を検出するため，各軸に対応するよう，3つの平行平板構造が設けられている．f_zを検出する平行平板構造は，通常の形からは変形されている．

図 6.56 に，さまざまな実験用に試作した平行平板構造を用いた力センサの例を示す．

(4) 平行平板構造を用いた6軸力センサ

6軸力を検出するためには，6軸の各力成分に反応するような，検出構造あるいはひずみゲージの配置を考える必要がある．

図 6.57 は，丸穴の平行平板構造を組み合わせて，6軸力センサを構成した例

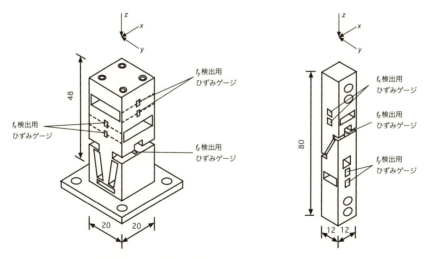

図 6.55　平行平板構造を用いた3軸力センサの例

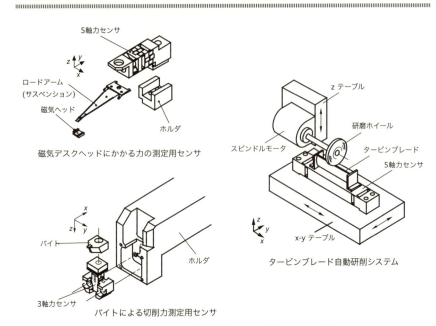

図 6.56 平行平板構造を用いた力センサの例

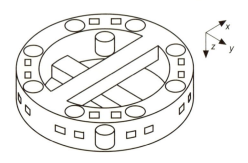

図 6.57 平行平板構造による 6 軸力センサの例

である.リング状の検出構造体に平行平板構造が構成されている.リング内のクロスしたバーの間にかかる 6 軸力を検出する.複数の平行平板構造を組み合わせることによって,多軸力の検出を行う.

図 6.58(a)～(d)に,力が加わった場合の変形の様子,およびひずみゲージ

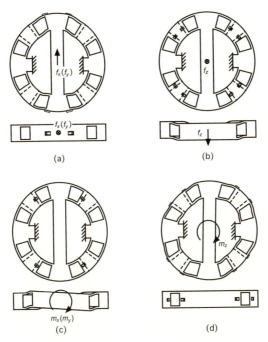

図 6.58 6つの軸力成分に対する変形の様子

の貼付位置の例を示す．簡略化のため，穴は丸穴ではなく角穴平行平板構造としてある．また y 軸方向に延びた梁を固定し，x 軸方向に延びた梁に力が加わるとする．

図 6.58(a) は，力 $f_x(f_y)$ がかかったときの変形である．力 f_x の場合は x 軸方向に延びたバーに近い平行平板に大きなひずみ，力 f_y の場合は y 軸方向に延びたバーに近い平行平板に大きなひずみが生じる．おのおの，4つの平行平板からの出力を用いて，力を検出する．図 6.58(b) は，力 f_z がかかったときの変形である．バーから 45°の方向の検出部側面に開けた平行平板に，大きなひずみを生じる．図 6.58(c) は，モーメント $m_x(m_y)$ がかかったときの変形である．バーから 45°の方向の検出部側面に開けた平行平板に，大きなひずみを生じる．図 6.58(d) は，モーメント m_z がかかったときの変形である．力 $f_x(f_y)$ の検出に

用いたのと同じ平行平板に，大きなひずみを生じる．

力 f_z と，モーメント m_x, m_y の検出は，同じ平行平板を用いて，出力の組み合わせの方法を変えて検出している．同様に，力 f_x, f_y と，モーメント m_z の検出は，やはり同じ平行平板を用いて，出力の組み合わせの方法を変えて検出している．

(5) 平行平板の2次変形を用いた6軸力センサ

平行平板の2次変形を用いて，簡単な構造で6軸力センサを構成することができる．1次変形を検出するひずみゲージだけでなく，2次変形をうまく検出できる位置にひずみゲージを添貼することで，1つの平行平板で3軸力の検出を行っている．目的とする軸力によるひずみのみを検出し，目的以外の軸力によるひずみはキャンセルするよう，ひずみゲージの貼付位置，ホイートストンブリッジの構成を工夫することがポイントである．1つの平行平板で複数の軸力を検出するため，各軸力に対する感度を自由に設定できないという問題があるが，簡単な構造で6軸力センサを作ることができる．

平行平板構造の2次変形の様子を，**図 6.59**(a)〜(e)に示す．モーメントの検出に対して，これらの変形の中で比較的大きな出力を得ることができる．図

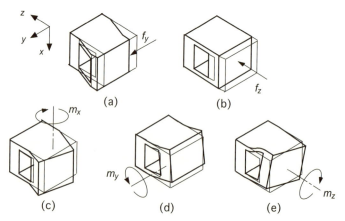

図 6.59　平行平板構造の2次変形

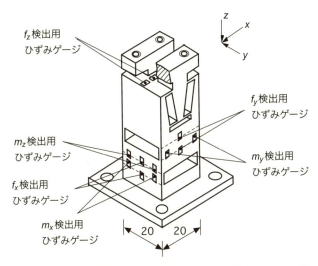

図 6.60 平行平板構造の 2 次変形を用いた 6 軸力センサの例

6.59(c), (e) の変形を用いることで, 簡単な構造の 6 軸力センサを構成できる.

図 6.60 は, 図 6.55 の 3 軸力センサに, モーメントを検出するひずみゲージを追加したものである. m_x, m_y の検出には図 6.59(c) の変形を, m_z の検出には図 6.59(e) の変形を用いている. それぞれの変形でひずみが大きくなる位置にひずみゲージを貼付している.

(6) 力センサの特性行列と補償行列

6 軸力センサの場合, 6 つの力の成分に対して, 6 つの独立な検出信号が得られる. 力と検出出力の間に線形な関係があるとき, これらの関係は行列の方程式で表すことができる. 方程式の例を**図 6.61** に示す.

この方程式を特性方程式, また行列 K を特性行列と呼ぶ. 特性行列は, 理想的には対角成分のみが値を持ち, それ以外の成分はゼロであるべきである. しかし実際にはそうはならない. これを干渉成分と呼び, ある力成分の, それと対応する出力以外の出力への影響を表している.

干渉成分があっても, 検出信号に特性行列 K の逆行列 $L=K^{-1}$ かければ,

$$
\begin{bmatrix} efx \\ efy \\ efz \\ emx \\ emy \\ emz \end{bmatrix} = 10^{-6} \cdot \begin{bmatrix} 10.4700 & 0.1408 & -0.0867 & 4.1404 & 9.6554 & 0.9419 \\ -0.2282 & 10.3500 & 0.0885 & 12.2875 & -1.7917 & -9.0847 \\ -0.1235 & -0.0383 & 9.4190 & -4.7748 & -9.0581 & 6.3558 \\ 0.2408 & 1.2213 & 0.2618 & 333.9000 & -22.4629 & -12.4210 \\ -0.7664 & 0.2712 & -0.1319 & 22.1042 & 331.8000 & 2.4824 \\ 0.1361 & -0.1573 & 0.0179 & -2.0702 & -1.2277 & 88.0300 \end{bmatrix} \cdot \begin{bmatrix} fx \\ fy \\ fz \\ mx \\ my \\ mz \end{bmatrix}
$$

unit　efx,efy,efz,emx,emy,emz: [strain],
　　　fx,fy,fz:[N]，mx,my,mz:[Nm]

図6.61　特性行列の例

$$
\begin{bmatrix} fx \\ fy \\ fz \\ mx \\ my \\ mz \end{bmatrix} = \begin{bmatrix} 95330 & -1130 & 880 & -950 & -2830 & -1250 \\ 2080 & 97150 & -810 & -3570 & 240 & 9550 \\ 1540 & 30 & 106200 & 1260 & 2910 & -7590 \\ -70 & -350 & -80 & 3000 & 200 & 390 \\ 220 & -60 & 50 & -200 & 2990 & -120 \\ -140 & 170 & -30 & 60 & 50 & 11390 \end{bmatrix} \cdot \begin{bmatrix} efx \\ efy \\ efz \\ emx \\ emy \\ emz \end{bmatrix}
$$

unit　efx,efy,efz,emx,emy,emz: [strain],
　　　fx,fy,fz:[N]，mx,my,mz:[Nm]

図6.62　補償行列の例

干渉を除いた力成分の情報を得ることができる．この関係方程式を**図6.62**に示す．特性行列の逆行列 L を，補償行列と呼ぶ．

これらのことを，一般的に表現すると，次のようになる．6軸力センサへの入力と出力との間に線形性がある場合，センサの特性は特性行列 K で表すことができる．6軸力センサの特性行列 K が正方行列でフルランクの場合，補償行列 L は特性行列 K の逆行列となる．また特性行列は必ずしも正方行列である必要はなく，例えば6軸力を測りたい場合，特性行列のランクが6であればよい．

またこれらの関係を写像で表現すると，**図6.63**のようになる．力成分の物理量の空間は，センサによって，検出信号の空間に写像される．検出信号の空間は，センサの特性行列の逆数である補償行列によって，物理量の空間へと写像される．6軸の力成分はセンサにより測定値となるが，それに補償行列をか

6.3 力センサ

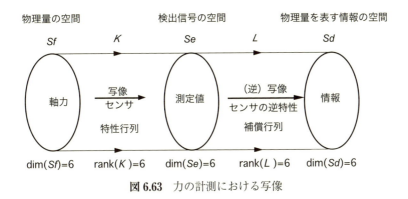

図 6.63 力の計測における写像

けることで,情報として取り出すことができるのである.

(7) 力センサのフェイルセーフ

フェイルセーフとは,誤動作や誤使用によりセンサに過大な力が加わった場合,センサを保護し破壊を防ぐ機構である.

フェイルセーフの1つは,力センサに過大な力が加わった場合,センサが剛になり力を逃がすものである.図 6.64 のように力センサと並列にストッパを設けておく.過大な力が加わってセンサが変形するとストッパに当たるようになり,それ以上の力はストッパを通して逃げる.

もう1つの方式は,力センサに過大な力が加わった場合,センサが柔になり,変位を逃がすものである.図 6.65 のように,力センサと直列に非線形バネを設けておく.小さな力では非線形バネは変形しないが,過大な力が加わると変形するようになり,力センサを逃がして保護する.

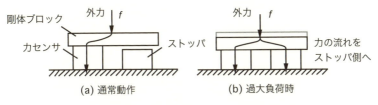

図 6.64 力を逃がすフェイルセーフ

第6章 センサとアクチュエータ～デバイスとその動作原理～

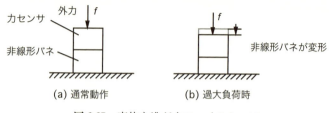

図 6.65　変位を逃がすフェイルセーフ

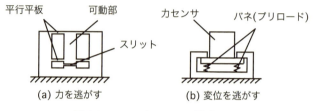

図 6.66　フェイルセーフ構造の例

これらの保護機構は，例えば図 6.66 のような機構で，実現することができる．簡単に実現できるため，実用的なセンサには必ず組み込まれている．

6.4　アクチュエータとは

アクチュエータは，駆動するエネルギーによって，電気系，油圧系，空気圧系に分類できる．電気系のアクチュエータは，いわゆる電磁力を利用するものが多いが，静電力，逆圧電効果，磁歪，熱，光などを利用する，新しいタイプのアクチュエータも出てきている．

メカトロニクスでは，制御性のよさ，保守の容易さから，電気系のアクチュエータが多く用いられている．油圧系や空圧系アクチュエータは，油や空気をいったんコンプレッサで圧縮して動力源として用いるため，システムが大がかりになる．しかし建設機械など，大きな力を必要とする機器には油圧系アクチュエータが用いられ，最近ではロボットにも用いられ始めている．空圧アクチュエータは，コンプレッサとアクチュエータを離すことが容易で，アクチュエ

ータ自体は小型，軽量にできる．そのため工場の機器や，歯科医の用いるドリルなどに利用されている．

本節では，モータおよびメカトロニクスの分野でよく用いられるアクチュエータを中心に取り上げる．

6.5 モータ

モータには，回転運動をするものと直線運動をするものがある．直線運動をするものはリニアモータと呼ばれ，回転運動をするものは単にモータと呼ばれる．本節では回転運動をするモータを中心に扱う．また回転運動も，直動ベアリングを用いて直線運動に変換できる．

モータには，直流電流で駆動されるDCモータ，交流電流で駆動されるACモータ，パルス電流で駆動されるパルスモータに分類される．DCモータは，小型の機器に多用される．ACモータは，パワーが必要な大型の機器に利用される．ステッピングモータは，制御が簡単なため事務機器やデジタル機器に利用されている．

回転角度を検出するロータリエンコーダや回転速度を検出するタコジェネレータと組み合わせて，位置や速度目標に追従させる目的に利用されるモータは，サーボモータと呼ばれる．DCサーボモータとACサーボモータがある．

ここでは，メカトロニクス機器によく用いられるDCモータとステッピングモータについて述べる．

6.5.1 DCモータ

DCモータの構造を，**図6.67**に示す．このモータは，ブラシ付きDCモータと呼ばれる．固定子に磁石を取り付け，回転子にコイルを使った構成である．コイルに流れる電流の向きを切り替えることで磁力の反発，吸引の力で回転力を生成させる．回転に従いコイルに流れる電流を切り替えるため，整流子とブラシが用いられる．

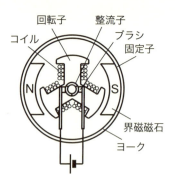

図 6.67　DC モータの構造

図 6.68　DC モータの回転原理

　固定子においてモータを回転させる磁場を発生させることを界磁という．図 67 の例では磁石で発生させているので，この磁石を界磁磁石と呼ぶ．この図の構成は，固定子に界磁磁石が 2 つ，回転子に凸型の鉄芯が 3 つあるので，2 極 3 スロットの構成という．

　DC モータの回転原理を**図 6.68** に示す．回転子において，図の半分より上の凸型鉄芯が N，下の凸型鉄芯が S となるようにコイルに電流を流すと，界磁磁石との作用で右回りに回転する．

　DC モータの特徴は，起動トルクが大きい，印加電圧に対し回転数が比例する，印加電流に対し出力トルクが比例する，などである．特に電流にトルクが比例するため，制御性がよい．ブラシ付き DC モータは，安価であるため多く用いられている．しかし整流子とブラシで電流の切り替えを行っているため，ノイズが発生する，摩耗があるためメンテナンスが必要などの問題もある．

6.5 モータ

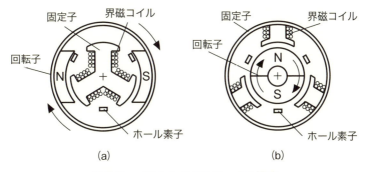

図 6.69 ブラシレス DC モータの構造

ブラシ付き DC モータに対して，整流子がない DC モータもある．これをブラシレス DC モータと呼ぶ．ブラシレス DC モータの構造を図 6.69 に示す．

図 6.69(a) は，図 6.67 の DC モータの固定子と回転子を入れ替えた形である．外側の磁石とヨークが回転する．ホール素子で回転子の位置を読み取り，界磁コイルの電流の方向を制御することで，回転させる．図 6.69(b) は，回転子に磁石を用い，外側の固定子に界磁コイルを取り付けた構成である．やはりホール素子で回転子の位置を読み取り，界磁コイルの電流を制御する．

DC モータの制御については，第 8 章で取り上げる．

6.5.2　ステッピングモータ

ステッピングモータは，パルスを送ることで，一定の回転角度でステップ状に回転させることができるモータである．1 つのパルスに対して一定のステップ角だけ回転するので，モータの回転角度は送ったパルスの数，回転速度は送ったパルスの周波数に比例する．オープンループで制御することが可能である．

図 6.70 は，複合型（Hybrid type, HB 型）と呼ばれるステッピングモータの構造である．図 6.70(a) は断面図，(b) は回転子を横から見た図である．固定子の界磁コイルの鉄芯，および回転子の側面には溝が掘ってあり，ちょうど山が対抗したときに大きな吸引力が発生する．図 6.70(a) に示すように，固定子鉄芯の山と，回転子の山は，位置によりずれるように設定されている．回転

第6章 センサとアクチュエータ〜デバイスとその動作原理〜

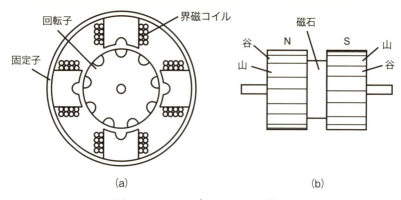

図 6.70 ステッピングモータの構造

子の方は，図 6.70(b) に示すように，2 つの回転子鉄芯で磁石を挟んだ形になっており，しかも 2 つの回転子鉄芯で山と谷の位置が反転している．このようにしておくと，回転子において N と S の山が交互に現れることになり，小さなステップ角で制御が可能となる．ステップ角は図 6.70 のような 2 相のもので 0.9[deg] あるいは 1.8[deg]，5 相のものでは，0.72[deg] が一般的である．

ステッピングモータの特徴をまとめると，回転角度は入力パルス数に比例する，回転角速度は入力パルス周波数に比例する，静止状態でトルクが最大になる，始動や停止の反応が早い，ブラシレスのため信頼性が高い，制御が簡単なため低コストである，となる．ステッピングモータは，過負荷や急激な速度変化のとき，入力パルスとモータ回転との同期が失われる場合がある．これを脱調といい，起動時や加減速中の加速度を小さくするなどの対策をとる．

6.6 さまざまなアクチュエータ

6.6.1 ボイスコイルモータ

ボイスコイルモータとは，VCM（Voice Coil Motor）と略称され，スピーカと同様の原理のモータである．磁界の中をコイルのみが往復運動するタイプのモータで，直動運動あるいは多回転ではない回動運動をする．ハードディス

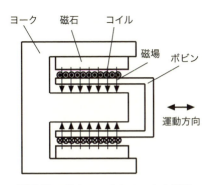

図 6.71　ボイスコイルモータの構造

ク装置の磁気ヘッドの駆動や，光ディスク装置のレンズの駆動にも用いられている．

　ボイスコイルモータは，磁場中の導体に電流を流した時，フレミング左手の法則により力が発生するという動作原理を利用したものである．直動型のボイスコイルモータの構造例を図 6.71 に示す．

　円筒状のボビンにはコイルが巻かれている．ヨークの内側には磁石が取り付けられており，磁石とヨークの間には磁場ができる．その磁場の中にコイルが入るように設置しコイル電流を流すと，ローレンツ力によりコイルに力が働く．図の例では，運動は左右方向となる．

　図 6.71 のようにコイルが動くムービングコイル型と，逆にコイルを固定してマグネットが動くムービングマグネット型がある．ムービングコイル型は，可動部はコイル及び保持するボビンだけで構成され，軽量である．またコイルのインダクタンスが小さいこと，コギングや推力リップルが小さいなど，電気的応答に優れ，高精度でスムーズな制御が可能である．

6.6.2　リレーとソレノイド

（1）リレー

　電磁石により鉄片を吸引するデバイスとして，リレーとソレノイドがある．リレーは継電器とも呼ばれ，鉄片の吸引で接点の開閉を行うものである．ソレ

第6章 センサとアクチュエータ～デバイスとその動作原理～

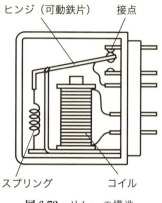

図 6.72 リレーの構造

ノイドは鉄片を出し入れして，アクチュエータとして用いられる．

リレーの構造を図 6.72 に示す．リレーは，電磁石，可動鉄片と接点から構成されている．電磁石のコイルに電流が流れると可動鉄片が鉄心に引きつけられる．可動鉄片には接点が取り付けられ，接点の開閉が行われる．電流を流すことで接点がオンになる NO（Normally Open）型と，オフとなる NC（Normally Closed）型がある．

(2) ソレノイド

ソレノイドの構造を図 6.73 に示す．ソレノイドは，コイルに流す電流でプランジャと呼ばれる可動鉄片を駆動するアクチュエータである．可動範囲（ストローク）が短いが，小形で発生力が強く，高速応答を得られるので，油圧シリンダ，空気圧シリンダの制御，燃料インジェクタの開弁制御など，多くの分野で用いられている．

図 6.73 に示したものは直動型であるが，回動型のものもある．コイルがプランジャを吸引するプル形，コイルがプランジャを押し出すプッシュ形，およびその両用のプッシュプル形がある．また直流駆動の DC ソレノイドと交流駆動の AC ソレノイドがある．ソレノイドは通常，オンオフ動作であるが，DC ソレノイドにはプランジャの位置制御が可能なものもある．AC ソレノイドは，

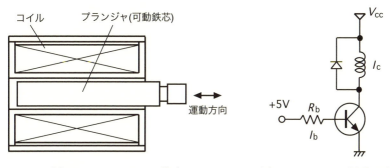

図 6.73 ソレノイドの構造　　**図 6.74** コイルの駆動回路

可プランジャを吸引する力が一定で，応答が高速（1～10 [ms]）である．

(3) コイルの駆動

リレーのコイルをトランジスタで駆動する典型的な回路の例を，**図 6.74** に示す．ソレノイドを駆動する電流 I_c を 10[mA]，トランジスタの直流電流増幅率を 200 とすると，ベース電流は 50[μA] 流せばよいことになる．制御信号が 5 [V] であるとすると，ベース抵抗 R_b は 100[kΩ] となる．実際にはベースエミッタ間の電圧降下もあることから，余裕を見て 47[kΩ] とか 68[kΩ] にしておく．コイルに並列に結合されているダイオードは，コイル電流の切り替え時に，コイルに生じるパルス性の逆起電力（サージ電圧）を吸収するためのものである．このサージ電圧により回路が破壊されることがよくあるので，リレーのコイルには必ずダイオードを並列に挿入する．

6.6.3　油圧および空気圧アクチュエータ

油圧アクチュエータは，油圧エネルギを用いて機械的運動を作り出すアクチュエータである．油圧ポンプによって油を高圧に加圧し，次にその油をアクチュエータに供給することで，動きを取り出す．油圧アクチュエータには，直線運動をする油圧シリンダ，回転運動をする油圧モータ，一定範囲の往復回転運動をする油圧揺動モータがある．

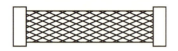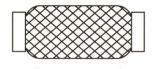

図 6.75 マッキベン型アクチュエータ

油圧アクチュエータには，高圧力であるため装置が小型，油を使用するため潤滑や防錆に有利，流量制御による速度変換が容易，方向制御による運動の方向変換が容易，圧力制御により力を無段階に制御できる，などの特徴がある．

空気圧アクチュエータは，空気圧エネルギを用いて，機械的運動を起こす機器である．空気圧アクチュエータには，空気圧シリンダと，空気圧モータなどがある．

空気圧シリンダは直線運動を作り出すアクチュエータで，広く使われている．また空気圧モータは回転運動を，揺動空気圧モータは揺動，すなわち1回転以内の角度変化を作り出す．

空気圧シリンダの動きは，片方のシリンダ室に圧搾空気を供給し，もう一方のシリンダ室の空気を排気することによって作り出される．供給する空気の圧力を調節することで出力を制御する．圧搾空気の方向を切り替える目的で，方向切り替え弁，圧搾空気の圧力を制御する目的で，減圧弁が用いられる．

図 6.75 は，空気アクチュエータの一種で，マッキベン型アクチュエータと呼ばれるものである．筒状のゴムがメッシュ状の繊維スリーブで覆われた構造となっている．ゴムに空気が供給されると半径方向に膨らむが，そのとき繊維スリーブが軸方向に縮んで，軸方向への収縮変位を発生させる．筋肉のような動きをするため，人工筋としてロボットのアクチュエータとしても用いられている．

6.6.4 圧電アクチュエータ

圧電アクチュエータは，逆圧電効果を用いて微小な変位発生させるアクチュ

6.6 さまざまなアクチュエータ

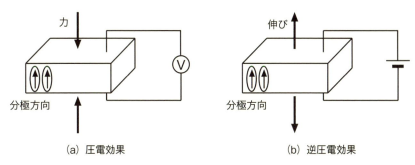

図 6.76　圧電効果と逆圧電効果

エータである.

　圧電効果(piezoelectric effect)とは,図6.76(a)に示すように,圧電材料に圧力(力)を加えると,圧力に比例した分極が生じ,表面に電荷が現れる現象である.素子は電気的にはコンデンサと同じ特性を示すので,表面電荷は電圧として観測される.圧電効果とは逆に図6.76(b)に示すように,圧電材料に電圧を印加すると誘電分極により応力が発生し,材料はひずみ(伸び)を発生する.これを逆圧電効果と呼ぶ.圧電アクチュエータは,この逆圧電効果を用いたアクチュエータである.

　圧電効果を持つ圧電材料には,多くの種類があるが,現在使われている最も一般的な材料は,圧電セラミクスであるPZT(PbZrO3/PbTio3系個溶体)である.ただしこの材料には鉛が含まれているため,鉛フリーの圧電セラミックスの開発が進められている.

　圧電アクチュエータには,図6.77(a)の積層形と,(b)のバイモルフ型がある.
　圧電材料は,印加されている電界にほぼ比例したひずみを発生させる.積層形圧電アクチュエータは,薄い圧電材料を積層し交互に電極を設けることで,比較的低い印加電圧でも大きな電界を与えることができる.

　積層形圧電アクチュエータの発生変位は,素子の長さに比例し,およそ0.1[%]程度のひずみを発生する.すなわち,10[mm]の長さの素子の発生変位は約10[μm]である.また,発生力は素子の断面積に比例する.製品の例では,

219

第6章 センサとアクチュエータ～デバイスとその動作原理～

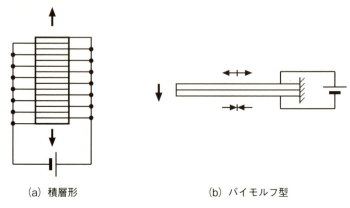

(a) 積層形　　　　　　　(b) バイモルフ型

図 6.77　圧電アクチュエータの構造の例

5[mm]×5[mm] の素子で約 850[N] と大きい．

　バイモルフ型圧電アクチュエータは，長手方向に逆分極した2枚の圧電材料を貼り合わせてアクチュエータとしたものである．電圧が印加されると上の板は伸び，下の板は縮むため，先端は下方向に変位する．バイモルフ型圧電アクチュエータの変位は数 100[μm] と大きいが，発生力は数 [N] と小さい．

　積層形圧電アクチュエータの発生力と変位の関係の例を**図 6.78** に示す．発生力と変位は，直線的関係にある．この特性は，圧電アクチュエータの動作原理に由来ている．すなわち，印加電圧により発生する誘電分極は素子内に応力を発生させるが，素子の伸びが拘束されていないときはその応力は素子ののび，すなわち発生変位となる．素子の伸びが拘束されているとき，その応力はそのまま素子の発生力となる．

　積層形圧電アクチュエータの引加電圧と出力変位は，**図 6.79** に示すような複雑な履歴曲線（ヒステリシスカーブ）を描く．

　このヒステリシスから，印加電圧で発生変位を制御しようとすると，誤差が生じる．実は，圧電アクチュエータへの注入電荷と発生変位は，きれいな直線の関係がある．電荷制御という手法で，線形性よく圧電アクチュエータを駆動することができるが，電荷制御は電荷のリークなどの問題があり，長期に安定

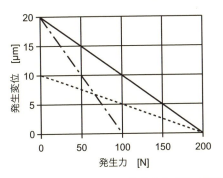

図 6.78 圧電アクチュエータの発生力と変位の関係の例

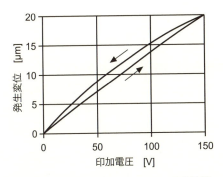

図 6.79 圧電アクチュエータの駆動特性

な制御を行うことができない．

電荷制御とは別の線形化手法として，**図 6.80** に示すように，平行平板構造を用いて変位をひずみゲージで検出し，さらにフォードバック回路を用いて線形化を行うものがある．平行平板は力センサで用いられる構造であるが，その中に積層型圧電アクチュエータを挿入して用いる．平行平板構造は，力センサの場合とは異なり，変位センサとして働くことになる．

積層形圧電アクチュエータの線形化のためのフォードバック回路設計は，第8章で事例として詳述する．

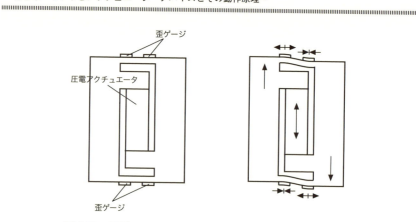

図 6.80　圧電アクチュエータと平行平板構造の組み合わせ

6.6.5　形状記憶合金

形状記憶合金（SMA, Shape Memory Alloy）とは，変形しても，ある温度以上に加熱すると元の形状に戻る性質を持った合金である（**図 6.81**）．

形状記憶の原理は，低温側の結晶組織（マルテンサイト相）と高温側の結晶組織（オーステナイト相）の相変態によって，変形した形状が元に戻るものである．形状が回復し始める温度を変態点と呼ぶ．Ni-Ti 合金，Cu 合金（Cu-Zn-Al 合金，Cu-Al-Ni 合金），Fe 系合金の 3 タイプが開発されているが，実例的にみると，Ni-Ti 系が圧倒的に多い．

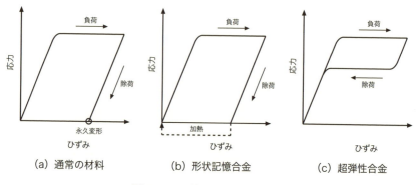

(a) 通常の材料　　(b) 形状記憶合金　　(c) 超弾性合金

図 6.81　ひずみ―応力特性の例

これまで Ni-Ti 合金は，エアコンの風向き調整フラップ，コーヒーメーカーの給湯バルブ，電磁調理器の温度表示装置などに，Cu 系合金は温室，自動車のフォグランプ，防火ダンパーなどの開閉装置に使われてきた．

形状記憶合金と類似のメカニズムの合金に，超弾性合金がある．形状記憶合金が，形状復帰のための温度が室温より高く，暖める必要があるのに対し，超弾性合金は形状復帰温度が低く，暖める必要がない．後者は，ポータブル機器のアンテナ，メガネのフレーム，などに用いられる．

6.6.6 超音波モータ

超音波モータは，複数の圧電素子を高い周波数で駆動し，その超音波振動でロータを駆動するモータである．定在波方式と進行波方式があるが，実用化されているものはほとんどが進行波方式である．

進行波方式の超音波モータは，ロータと圧電素子を金属の弾性体に張り合わせたステータを対面接触させ，弾性体に発生させる進行弾性波によってロータを駆動する．正逆転ができる，小型，寿命が長いなどの特徴がある．

進行波方式の超音波モータは，図 6.82 に示すように，ロータとステータが圧力を加えられて密着する構成となっている．超音波を発生する圧電セラミックスはステータのロータと密着しない側に貼付されており，そこから発生する振動により超音波の進行波が発生する．この進行波はうねりのようにステータの中を進行し，そのステータと接するロータ面には波の頭が当たる部分と当た

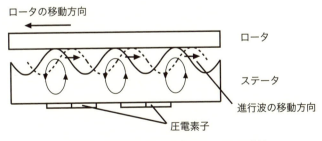

図 6.82　進行波方式の超音波モータの原理

らない部分が生じる．このロータ面に接触している進行波の頂点は，波の進行とは逆の向きに楕円運動しており，ロータはその頂点の楕円運動に引っぱられ，進行波の進行方向とは逆向きに移動する．進行波がステータの表面を右向きに進むとき，ロータ面に接触した波の各頂点には，左まわりの楕円運動が起き，これによりロータは左向きに移動する．

実用化されている超音波モータには，回転型とリニア型（直進型）がある．

超音波モータは，小型，軽量，シンプルな構造であり，低速で回転する，高トルクである，また高応答性，高制御性であるという特徴がある．さらに，磁気作用がないため電子顕微鏡や MRI（Magnetic Resonance Imaging）の中で用いられたり，回転角度の自己保持性からカメラのレンズ鏡筒の駆動に用いられている．

============ よもやま話 ============

電源の配線の色

回路に電源をつなぐときや基板内で電源の配線をするとき，配線の色は電圧によりいつも同じとなるよう決めていた．例えばグラウンドラインは黒，+15[V] は赤，−15[V] は青，+5[V] は黄，大地アースは緑，といった具合である．統一しておいた方が間違いがなく，安心だからである．

ただ世の中，必ずしもこうなっていない．他の人が作った回路をみると，自分の習慣とは違う色で配線されている．それでもさすがに，グラウンドラインやアースは，皆，黒か緑である．ところが研究室の学生が作る回路は，その辺にある電線を適当に使うものだから，グラウンドラインが赤や黄で配線されている．これだけはやめて欲しいと，いつも思っている．

第7章 フィードバック制御 〜制御システムを作る〜

　制御理論は，古典制御理論と現代制御理論に大別される．古典と現代という名前から，古典制御は過去のものという印象を受けるが，実際世の中のほとんどの制御は古典制御で事が足りる．我々が扱うのはほとんどが1入力1出力のシステムである，周波数領域の設計は直観的でわかりやすい，高速な制御が可能である，などの利点があり，古典制御の応用範囲は広い．

　本章では，古典制御によるフィードバック系の設計手法について，特にボード線図を用いた周波数領域での設計手法について述べる．

7.1 制御とは

（1）開ループ制御と閉ループ制御

　あるシステムを制御するということは，そのシステムに目的の動作をさせるよう，操作を加えることである．一般に制御の対象となるシステムは入力と出力を持つシステムである．操作はこのシステムに入力を加えることであり，動作はこのシステムの出力として記述される．

　システムを制御するためには，そのシステムの動的な特性を解析しモデルとして記述すること，またそのシステムに目的通りの動作をさせるために，制御系（コントローラ）を設計することが必要である．

　システムに目的の動作をさせるための制御方式には，開ループ制御（open-loop control）と閉ループ制御（closed-loop control）がある．開ループ制御は，システムに目的通りの動作をさせるための入力をシステムの特性から逆算して

おき，この入力を加えるものである．システムの多くは，広い意味での開ループ制御である．閉ループ制御はフィードバック制御とも呼ばれ，入力は動作の目標値とシステムの出力との差分として与えられる．

開ループ制御では，システムに外乱が加わると，想定していた動作と異なる挙動を示す可能性がある．それに対して閉ループ制御では，外乱によって生じた偏差が入力に戻されて偏差を抑圧するように働くため，外乱の影響を受けにくい．しかし閉ループ制御では，システムの挙動が不安定にならないように，制御系を設計する必要がある．

(2) 古典制御と現代制御

制御理論は，古典制御理論と現代制御理論に大別される（**表7.1**）．古典制御では，1入力1出力のシステムを対象とし，入出力の関係を表す微分方程式をラプラス変換した伝達関数としてシステムを記述し，周波数領域で設計を行う．それに対して現代制御では，多入力多出力システムを対象とし，入出力とシステム内部の状態を表す状態変数を用いた状態方程式でシステムを記述し，時間領域で設計を行う．

現代制御は，多入力多出力のシステムを扱える，システムの内部の状態もわかるという利点があるが，しかし現代制御が使われるのはロボットの制御とかプラントの制御など，限られた分野である．それに対して古典制御は，ほとんどが1入力1出力のシステムである，周波数領域の設計は直観的でわかりやす

表7.1 古典制御と現代制御の特徴

古典制御	現代制御
伝達関数	状態方程式
入出力による解析	内部状態を考慮した解析
1入力1出力	多入力多出力
周波数領域	時間領域
定常特性による設計	評価関数による設計
高速な制御	低速な制御

い，高速な制御が可能である，ということから多くの分野で用いられている．

(3) メカの制御とエレクトロニクスの制御

古典制御理論は，メカの制御だけでなく，エレクトロニクスの世界で当たり前に使われている．オペアンプ回路，トランジスタのバイアス回路，低電圧回路，PLL 回路など，古典制御理論を用いたフィードバック回路である．

フィードバックは帰還と呼ばれ，出力をそのまま入力に戻すものを正帰還，逆相で戻すものを負帰還と呼ぶ．通常のフィードバックは負帰還であるが，エレクトロニクスの世界では正帰還を用いて増幅器を発振直前に持っていき，感度を上げることも行われる．またメカの世界でも基本的には負帰還であるが，正帰還を用いて振動子のダンピングを下げ，共振を鋭くする例がある．

7.2 フィードバック制御系

(1) 典型的なフィードバック制御の例

図 7.1 は，アクチュエータを用いて機構を駆動し，機構の位置を目標に位置決めするフィードバック制御系の例である．モータで車輪を駆動し台車の位置を制御する，などもこのフィードバック制御系の典型的な事例である．

機構の位置はセンサで検出され，検出位置と目標位置の差が誤差となって，コントローラへ入る．コントローラからの制御電圧はドライバで電力増幅され，

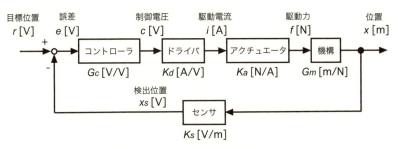

図 7.1　フィードバック制御系の例

アクチュエータを駆動する．ドライバは，入力信号電圧をもとに，アクチュエータにそれを駆動する電力を供給する．この例ではアクチュエータの推力が電流に比例するとして（実際にローレンツ力を使うモータなどは発生力は電流に比例する），ドライバは入力に比例した電流を発生させるものとしてある．またこの例では，コントローラと機構のみが周波数特性を持つとして，それらを G_c, G_m としてある．ドライバ，アクチュエータ，センサは周波数特性を持たないとして，それらを K_d, K_a, K_s としてある．

ブロック図を見て注意して欲しいのは，各ブロック間の物理量は，電圧，電流，力，位置と，場所により異なっていることである．一般にフィードバックループの中の情報の流れは，単に信号だけでなく，電流，電力だったり，油圧，空圧だったり，速度，変位だったりと，様々に変化する．

しかしながらぐるっとフィードバックループを一周して戻ってくると，元の物理量になる．図7.1には，個々の要素での物理量の変換則を記入してある．例えばドライバは電圧を電流に，アクチュエータは電流を力に，機構は力を変位に，センサは変位を電圧に，といった具合である．実際にこれらをかけてみると，

$$[V/V][A/V][N/A][m/N][V/m]=1 \tag{7-1}$$

となり，元に戻っていることがわかる．

図7.1は物理モデルに即して書いてあるが，実際には機構の出力である位置は，センサにより測定され，それを元に制御される．従ってブロック線図は**図7.2**のように書くことが自然である．ドライバから機構の位置を検出するセンサまでをまとめて G_a とする．こうすると，フィードバック制御系はコントロ

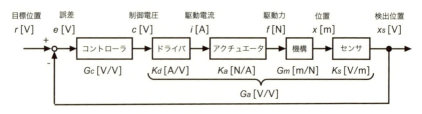

図7.2 直結フィードバック系

ーラ G_c とアクチュエータ G_a の 2 つの要素から成り立っていると考えることができる．

図 7.2 は，フィードバックの途中の要素がなくなり，出力が入力に直接フィードバックされた形となる．これを直結フィードバック系（unity-feedback control system）と呼ぶ．直結フィードバック系はオープンループとクローズドループの関係が統一的に扱えるので，本書では特に理由がない限り直結フィードバック系にして考えることにする．

(2) フィードバック制御系の特性

改めて，一般的なフィードバック制御系の構成を次の**図 7.3** のように書くことにする．信号や要素の伝達関数は，ラプラス変換されているとする．コントローラ $G_c(s)$，アクチュエータ $G_a(s)$ のつの要素があり，入力は目標値 $R(s)$ と外乱 $D(s)$，アクチュエータの出力を $X(s)$，コントローラへの入力を誤差 $E(s)$ とする．フィードバック制御系の特性を表すものとして，安定性，速応性，定常偏差の 3 つが重要である．

安定性は，時間が経過するとともにフィードバック制御系の過渡状態が消え，安定状態になることである．もっと簡単に表現すると，系が発散，発振して，不安定にならないことである．

速応性は，目標値に対する追従の速さである．これは制御帯域に関連し，周波数応答で見たらどの周波数の目標値まで追従するか，ということである．

定常偏差は，目標値に対してどの程度の誤差で追従するかということであり，目標値が入力されて時間がたって定常状態になった後の偏差量のことである．

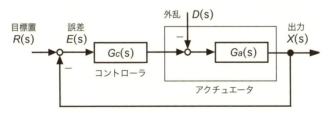

図 7.3 一般的なフィードバック制御系の構成

安定性,速応性,定常偏差については,ボード線図を用いて考えるのが理解しやすいが,その前に式の形でいくつか必要な定義をしておく.

(3) オープンループ特性とクローズドループ特性

$G_c(s)G_a(s)$ を,開ループ伝達関数,または一巡伝達関数,オープンループ特性などと呼ぶ.

$$G_c(s)G_a(s) = \frac{X(s)}{E(s)} \tag{7-2}$$

フィードバック制御系の設計においては,このオープンループ特性が最も重要である.設計するときには,このオープンループ特性を用いてボード線図上で設計するのが最も容易で,周波数領域において直接的に制御系の設計を行うことできる.詳しくは後述するが,安定性はゼロクロス点の位相余裕で,速応性はゼロクロス点の周波数で,定常偏差はゲイン特性で,簡単に評価することができる.

後述のように制御帯域内では $X(s) \cong R(s)$ であるので,式(7-2)は,

$$\frac{1}{G_c(s)G_a(s)} = \frac{E(s)}{X(s)} \cong \frac{E(s)}{R(s)} \tag{7-3}$$

と書き直すことができる.この式は,目標値 $R(s)$ に対する誤差 $E(s)$ の比はオープンループ特性の逆数であること,簡単に言えば先の定常偏差はオープンループ特性から簡単にわかると言うことである.

目標値 $R(s)$ に対する出力 $X(s)$ の比を,閉ループ伝達関数,またはクローズドループ特性と呼ぶ.

$$\frac{G_c(s)G_a(s)}{1+G_c(s)G_a(s)} = \frac{X(s)}{R(s)} \tag{7-4}$$

フィードバック制御系において,目標値に対する追従特性はこの式で評価される.式(7-4)のように式で書くとわかりにくいが,後述のようにボード線図で書くと直観的に理解することができる.

外乱 $D(s)$ に対する偏差 $E(s)$ の比は,次の式で表される.

$$\frac{G_a(s)}{1+G_c(s)G_a(s)} = \frac{E(s)}{D(s)} \tag{7-5}$$

また $G_c(s)G_a(s) \gg 1$ とすると，

$$\frac{G_a(s)}{1+G_c(s)G_a(s)} = \frac{E(s)}{D(s)} \cong \frac{1}{G_c(s)} \tag{7-6}$$

となる．この式は，外乱による定常偏差を少なくするためには，外乱が入る前の伝達関数のゲインを大きくする必要があることを意味している．このモデルではアクチュエータ $G_a(s)$ の前に外乱が入っているので，その前のコントローラ $G_c(s)$ のゲインを大きくする必要がある．

7.3　ボード線図を用いたフィードバック制御系の設計

オープンループ特性を用いて，ボード線図上でフィードバック制御系を設計する例を示す．二次遅れ要素の特性を持つ制御対象で，位置の制御を行うフィードバック制御系を例にとる．

(1)　オープンループ特性の着目点

図7.4は，最終的な位置制御系のオープンループ特性の例である．オープンループ特性を見れば，そのフィードバック制御系がどういう特性であるかがわかり，逆にオープンループ特性でフィードバック制御系を設計することができる．図7.4の特性で，具体的に注目すべき部分を，図中の①～④に示した．以下，順に説明する．

①は，ゲイン特性が 0[dB] となるゼロクロス点の周波数における位相余裕（-180[deg] からどれだけ余裕があるかと言うこと）で，フィードバック系の安定性，あるいは目標への収束の様子を表す．この例ではゼロクロス周波数は 3[kHz]，位相は -135[deg] で位相余裕は 45[deg] あり，安定な系であることがわかる．

②は上述のゼロクロス点であり，カットオフ周波数，あるいはフィードバッ

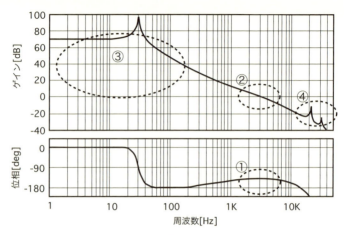

図 7.4 オープンループ特性の例と注目すべき部分

クの帯域とも呼ばれる．フィードバックをかけたとき，目標値の周波数がおよそこの周波数になるまでこのフィードバック系は追従するので，重要な指標である．この例ではカットオフ周波数は 3[kHz] であり，このフィードバック系は DC〜3[kHz] まで追従することがわかる．

③は，各周波数のゲインの大きさで，その周波数の入力に対する追従誤差がどれくらい残るかを知ることができる．例えば，10[Hz] のときのゲインは 70[dB]＝3000[倍] である．例えば目標値が 10[Hz] で 300[μmp-p] であったとすると，追従誤差は 300/3000＝0.1[μmp-p] であることがわかる．

④は，主共振に対する副共振と呼ばれる共振のピークで，通常は高次の振動モードによるピークである．この副共振の頭が 0[dB] を超えると，発振を起こして，フィードバック系が不安定になる．この例では頭は −10[dB] であり，10[dB] の余裕があることがわかる．

以下，フィードバック制御系の設計について，詳細に説明する．

(2) 機構のモデル

我々がフィードバックをかけて扱う機構は，通常，一次遅れ要素か二次遅れ

要素である．メカの制御では，一次遅れ要素は速度の制御系，二次遅れ要素は位置の制御系が代表例である．

二次以上の遅れを持つ要素は，位相が180[deg]以上回ってしまうため不安定になる．そのため，二次以上の遅れを持つ要素を制御するときには，高次の極が見えないようにする，高次の極が影響しない低い周波数で制御する，などの工夫がされる．例えば直流モータの制御をするときに，回転に伴う逆起電力の影響を受けないよう電流ドライバを用いて直流モータを駆動するのは，制御的にはこの高次の極を消去していることになる．

従って，一次遅れ要素と二次遅れ要素のフィードバック系の設計手法をマスターしておけば，ほとんどの事例に対応できる．さらに，一次遅れ要素は，そのままフィードバックをしても安定である．結局，二次遅れ要素のフィードバック系の設計手法さえマスターすれば，事足りることになる．

(3) 制御対象のモデル化

機構として，二次遅れ要素，すなわちバネ・マス・ダンパ系を考える．機構のモデル $G_m(s)$ は，次の式で表される．

$$G_m(s) = \frac{\omega_n^2/k}{s^2 + 2\zeta\omega_n s + \omega_n^2} \tag{7-7}$$

フィードバック制御系の制御対象となる部分を，図7.2から抜き出すと，**図7.5**のようになる．

制御対象をまとめて $G_a(s)$ とすると，式(7-8)あるいは**図7.6**のようになる．

$$G_a(s) = \frac{K_d K_a K_s \omega_n^2/k}{s^2 + 2\zeta\omega_n s + \omega_n^2} \tag{7-8}$$

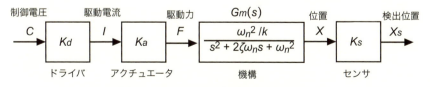

図7.5 抜き出した制御対象となる部分

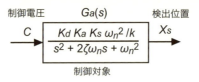

図 7.6 まとめた制御対象

例として，機構のバネ定数を $k=10[\text{N/m}]$ とする．またドライバの電圧電流変換係数を $K_d=0.1[\text{A/V}]$，アクチュエータの推力定数を $K_a=1[\text{N/A}]$，位置センサの検出感度を $K_s=1000[\text{V/m}]$ とする．これらの値を式(7-8)に代入すると，

$$G_a(s) = \frac{10\omega_n^2}{s^2+2\zeta\omega_n s+\omega_n^2} \tag{7-9}$$

となる．

今，機構の主共振周波数を $30[\text{Hz}]$ ($\omega_n=2\pi\cdot 30[\text{rad/s}]$) として，式(7-9)をボード線図で表すと，**図 7.7** のようになる．

ゲイン特性は，主共振周波数より低い周波数ではフラットであり，その値は $20[\text{dB}]$ （10倍）となる．これは式(7-9)で $s\to 0$ とすればわかる．主共振周波

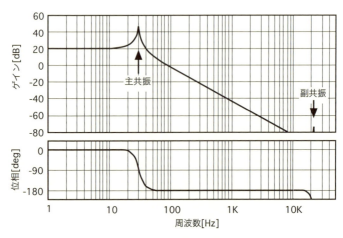

図 7.7 制御対象の特性（周波数応答）

数より高い周波数ではゲインは低下してゆき，その傾きは $-40[\mathrm{dB/dec}]$ である．これは式(7-9)で $s \to \infty$ とすればわかる．位相特性は，主共振周波数の前後で位相は $0[\mathrm{deg}]$ から $-180[\mathrm{deg}]$ へと回転する．共振周波数での位相は $-90[\mathrm{deg}]$ である．

(4) コントローラの設計

コントローラとして，まず単純に周波数特性を持たないゲイン Kc をかけることを考えてみる．ブロック線図は，**図7.8** のようになる．

コントローラのゲインを $Kc=300$ とする．300倍は $50[\mathrm{dB}]$ に相当するので，オープンループ特性 $G_c(s)G_a(s)$ の伝達関数，ボード線図は，式(7-10)および**図**

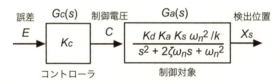

図7.8 ゲインによるコントローラ

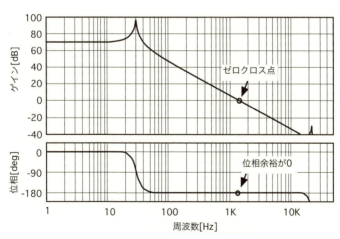

図7.9 オープンループ特性（ゲイン補償のみ）

7.9 となる.

$$G_c(s)G_a(s) = \frac{3000\omega_n^2}{s^2 + 2\zeta\omega_n s + \omega_n^2} \tag{7-10}$$

ボード線図から，ゼロクロス点の周波数は，およそ1.5[kHz]あたりにあることがわかる．またこのときの位相は-180[deg]である．位相余裕が0[deg]であり，このままフィードバックをかけると，制御系は不安点になる．

次にコントローラとして，ゲインK_cに加え，位相進み補償$G_{lead}(s)$を組み合わせることにする．位相進み補償の伝達関数は，次の形をしている．

$$G_{lead}(s) = \frac{1+T_2 s}{1+T_1 s} \tag{7-11}$$

ただしT_1, T_2は時定数である．そのときのブロック線図を図7.10に示す．

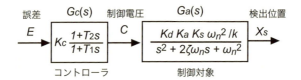

図7.10 位相進み補償によるコントローラ

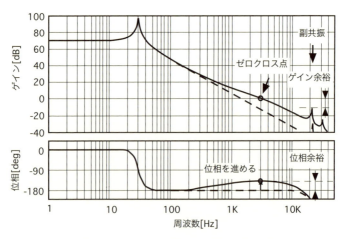

図7.11 オープンループ特性（位相進み補償後）

位相進み補償と位相遅れ補償については，第4章のオペアンプのところでも述べた．$f_1=\omega_1/2\pi=1/2\pi T_1$，$f_2=\omega_2/2\pi=1/2\pi T_2$ とすると，位相進み補償では，f_2 から $f_1(f_2<f_1)$ の間の位相を進めることができる．$f_2=1[\text{kHz}]$，$f_1=10[\text{kHz}]$ としたときの，オープンループ特性の概略を**図7.11**に示す．

位相進み補償はゲイン傾斜を持ち上げる効果があるので，ゼロクロス点の周波数は補償前より少し高くなり，$3[\text{kHz}]$ となっている．位相は約 $-130[\text{deg}]$ と，$50[\text{deg}]$ の位相余裕が得られている．通常のフィードバック系では，位相余裕は $30\sim45[\text{deg}]$ とするのが普通である．

制御対象の出力を入力にフィードバックしたブロック線図を，**図7.12**に示す．これでフィードバック制御系の完成である．

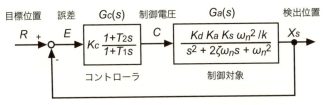

図7.12 フィードバックしたブロック線図

(5) フィードバック制御系の特性

完成したフィードバック制御系の，クローズドループ特性を，**図7.13**に示す．これは目標値 $R(s)$ に対する出力 $X(s)$ の比であって，追従特性を示す．

カットオフ周波数である $3[\text{kHz}]$ 付近まで，ゲインはほぼ $0[\text{dB}]$ （1倍）であり，これはほとんど $X(s)=R(s)$ であること，すなわち出力が入力に追従していることを示す．メカの主共振は $30[\text{Hz}]$ であったが，フィードバックをかけるとこれが $3[\text{kHz}]$ まで，100倍に広がったと考えることができる．

別の見方をすると，オープンではゲイン $70[\text{dB}]$，帯域 $30[\text{Hz}]$ であったものが，フィードバックをかけてクローズドにするとゲイン $0[\text{dB}]$，帯域 $3[\text{kHz}]$ になった，と考えることもできる．フィードバックをかけてゲインを下げる代わりに帯域を広げる，という考え方は，エレクトロニクスの世界では

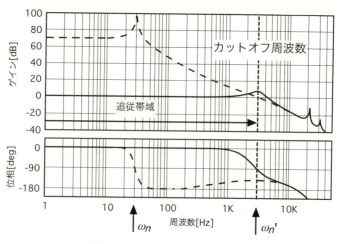

図 7.13　クローズドループ特性

普通に使われている.

完成したフィードバック制御系のクローズドループ特性を，式で計算してみる．単純化のため位相進みを考慮せず，$G_c(s)=Kc=300$ とする．式(7-10) をそのまま用いると，

$$\frac{X(s)}{R(s)} = \frac{G_c(s)G_a(s)}{1+G_c(s)G_a(s)} = \frac{\dfrac{3000\omega_n^2}{s^2+2\zeta\omega_n s+\omega_n^2}}{1+\dfrac{3000\omega_n^2}{s^2+2\zeta\omega_n s+\omega_n^2}}$$

$$= \frac{3000\omega_n^2}{s^2+2\zeta\omega_n s+(1+3000)\omega_n^2} = \frac{3000\omega_n^2}{s^2+2\zeta\omega_n s+\omega_n'^2} \tag{7-12}$$

$$\omega_n' = (3000+1)^{\frac{1}{2}}\omega_n \cong 55\omega_n \tag{7-13}$$

式(7-13)から，実質的な共振周波数は，元の55倍になっていることがわかる．実際には位相進みの効果も入るので，共振周波数は元の 100 倍と，前述の結果と一致する．

オープンループ特性を用いて，目標値 $R(s)$ に対する追従誤差 $E(s)$ の量を見積ることができる．例えば図 7.14 の斜線を引いた領域では，目標値が変動し

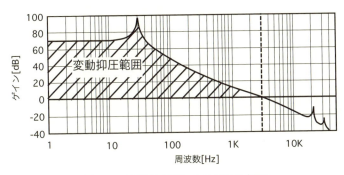

図 7.14　目標値変動による誤差の抑圧

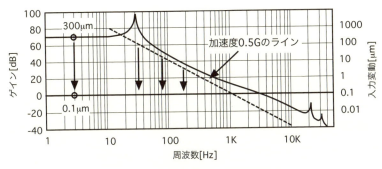

図 7.15　目標値変動の抑圧の見積もり

た場合，その変動量がそのまま追従誤差となるのではなく，抑圧されて小さな誤差となる．

具体的な例を，**図 7.15** を用いて説明する．例えば目標値として周波数 3[Hz]，振幅 300[μm] の信号が入った場合，3[Hz] でのゲインは 70[dB]（3000 倍）あるので，追従誤差は 0.1[μm] となる．逆に追従誤差の許容量を 0.1[μm] とした場合の，許容変動量も逆算することができる．例えば周波数 100[Hz] の場合，ゲインは約 50[dB] なので，許容振幅は 30[μm] となる．図には加速度 0.5[G]（=9.8×0.5[m/s^2]）の点線も引いてある．およそ 20[Hz] より上の周波数では変動抑圧範囲に入っているため，この加速度への追従誤差を 0.1[μm] 以下に抑えることができる．

239

7.4 制御系の特性設計

(1) 最小位相推移系

ある2つのシステムの伝達関数が,同じゲイン特性であっても,同じ位相特性であるとは限らない.しかし同じゲイン特性を持つシステムで位相遅れが最も小さいものを,最小位相推移系と呼ぶ.最小位相推移系は,伝達関数の極は安定でかつ不安定零点を持たない.

通常我々が扱うシステムは,最小位相推移系であることが多い.特にメカニカルな制御対象は,ほとんどが最小位相推移系である.エレクトロニクスの中で,特にオペアンプの特殊な使い方をするもので非最小位相系の例もあるが,ごく少数である.

最小位相推移系では,ゲイン特性と位相特性が一対一に対応する.すなわち,ゲイン特性が与えられると位相特性は決まり,逆に位相特性が与えられると任意比例定数を除いてゲイン特性が決まる.

具体的には,ゲインの傾きが $20n$[dB/dec]($n=\cdots,-2,-1,0,1,2,\cdots$)なら位相は $90n$[deg] となる.例えば,傾きが -40[dB/dec] なら位相は -180[deg],傾きが 20[dB/dec] なら位相は 90[deg] である.

これは傾きが途中で変わっても適用することができ,ゲイン曲線から位相曲線は一意に決まり,逆に位相曲線から比例定数分を除いたゲイン曲線の形は任意に決まることになる.例えば**図 7.16** に示すように,傾きと位相は一意対応する.(実際のゲインや位相の曲線は,図 7.16 のようにゲインの変わり目が角ばっていたり,位相の変わり目で飛んだりせず,なだらかにつながることに注意.ただし,図 7.16 のように書いた方が,意味が伝わりやすい).

(2) ボードの定理およびフィードバック制御系の設計

最小推移系では,ボードの定理と呼ばれる2つの性質が成り立つ.一つ目は上述の,ゲインの傾きと位相は位相が一対一対応すること,二つ目はある周波

7.4 制御系の特性設計

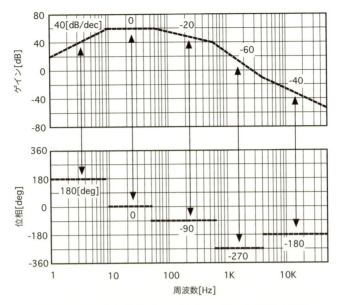

図 7.16 最小位相推移系でのゲインの傾きと位相の対応

数範囲のゲイン特性と，残りの周波数における位相特性は独立に選ぶことができる，ということである．

これらの性質を使って，フィードバック制御系の設計を行うことができる．特に二つ目の性質は，ゼロクロス点の周波数において安定性を確保するための位相特性を指定し，低域の周波数において定常特性を良くするようにゲインを指定できることを意味する．

図 7.17 は，フィードバック制御系の設計を行った例である．カットオフ周波数がおよそ $3[kHz]$ になるように設計した数値例が記入されている．

前述のように，フィードバック制御系では，安定性，速応性，定常特性に留意する必要がある．

安定性の観点から，$3[kHz]$ のゼロクロス点付近での位相余裕が必要である．従って，ゼロクロス点での傾き方を $-20 \sim -40[dB/dec]$ とする．$-20[dB/dec.]$ だと位相は $-90[deg]$ となって，位相余裕が $90[deg]$ となり安定である．

241

第7章 フィードバック制御〜制御システムを作る〜

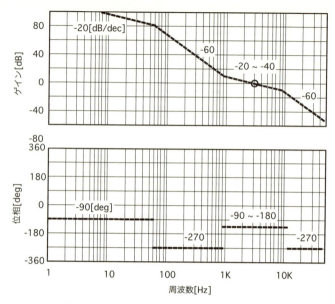

図 7.17 フィードバック制御系の設計の例

傾き $-40[\mathrm{dB/dec.}]$ だと位相は $-180[\mathrm{deg}]$ となって，位相余裕がほとんどなくなるので，もう少しなだらかにしておくのがよい．有害な副共振のピークが頭を出さないよう，例えば $10[\mathrm{kHz}]$ 以上の高域の傾きを $-60[\mathrm{dB/dec.}]$ と大きくしておく．

　速応性の観点から，ゼロクロス点の周波数はなるべく高くしたい．ゼロクロス点を上げるにはゲインを大きくして，ゲイン曲線を上に持っていく必要がある．しかしどこまでゲインを上げられるわけではなく，それには限界がある．実際には，メカの副共振が $0[\mathrm{dB}]$ のラインから頭を出しゲイン余裕がなくなったり，あるいは高域での位相遅れが効いてきて位相余裕がなくなって，フィードバック系が不安定になる．

　余談ではあるが，特性のよい機構を作ることが，制御の性能にも効いてくる．機構の特性が悪ければ，いかに制御で工夫しようとも，満足な性能が出ない．

　定常特性の観点から，低域でのゲインをなるだけ大きくしたい．そのため1

[kHz] 以下での傾きを -60[dB/dec.] と大きくして，低域を持ち上げている．ここのゲインの大きさが，定常偏差の抑圧に効いてくる．さらに低い周波数では，傾きを -20[dB/dec] としておき，積分特性を持たせておく．こうすると，DC でのゲインが大きくなり，定常偏差を抑圧することができる．

図 7.17 を見てわかるように，このフィードバック制御系の位相特性は，180[deg] より遅れる部分がある．しかしながらその周波数でのゲインが 0[dB] ではないため，不安定になることはない．このような系を条件付き安定な系と呼ぶ．

(3) クローズドループ特性

フィードバック制御系における目標値への追従特性，すなわちクローズドループ特性は，実際にはゼロクロス点における位相特性によって決まってしまう．すなわち，ゼロクロス点での位相が -90[deg] のときは，クローズドループ特性は一次遅れ系となり，ゼロクロス点での位相が $-90 \sim -180$[deg] にあるときは二次遅れ系となると考えてよい．

オープンループでのゼロクロス点での位相が -90[deg] の場合，クローズドループは一次遅れ系となるため，ゼロクロス点がカットオフ周波数となり，カットオフ周波数より下ではゲインは 0[dB]，上では -20[dB/dec] あるいはそれ以上の傾きでゲインが低下する．位相については，カットオフ周波数での位相は -45[deg]，それより下では 0[deg]，上では -90[deg] あるいはそれ以上に遅れる．

オープンループでのゼロクロス点での位相が $-90 \sim -180$[deg] にあるときは，クローズドループは二次遅れ系となるため，ゼロクロス点の周波数近傍がカットオフ周波数となり，カットオフ周波数より下ではゲインは 0[dB]，上では -40[dB/dec] あるいはそれ以上の傾きでゲインが低下する．またゼロクロス点の周波数近傍に共振周波数を持ち，粘性減衰比 ζ の値によってはピークを持ち，ゲインが持ち上がる．位相については，カットオフ周波数での位相はおよそ -90[deg]，それより下では 0[deg]，上では -180[deg] あるいはそれ以

上に遅れる．ここで「近傍」という表現を使ったのは，オープンループでのゼロクロス点の周波数，クローズドループでの共振周波数，ゲインがピークとなる周波数，カットオフ周波数は，少しずつ異なるからである．工学的には，これらの周波数はほとんど同じと思っていても，大勢に影響はない．

クローズドループは二次遅れ系である場合，その特性は，共振周波数 ω_n と減衰比 ζ で表すことができる．クローズドループ特性は低域のゲインが $0[\mathrm{dB}]$ である標準二次遅れ系で近似でき，次の式で表すことができる．

$$G_{closed}(s) = \frac{\omega_n^2}{s^2 + 2\zeta\omega_n s + \omega_n^2} \tag{7-14}$$

またこのとき，オープンループ特性は次の式で表すことができる．

$$G_{open}(s) = \frac{\omega_n^2}{s(s + 2\zeta\omega_n)} \tag{7-15}$$

式(7-15)で $s = j\omega$ とおいて，ゲインが $0[\mathrm{dB}]$ となる周波数を求めると，ゼロクロス点の周波数 ω_z と共振周波数 ω_n には，次の関係があることがわかる．

$$\omega_n = \omega_z \sqrt{2\zeta^2 + \sqrt{4\zeta^4 + 1}} \tag{7-16}$$

減衰比 ζ がわかれば，式(7-16)から共振周波数 ω_n が算出できる．しかしさらに都合がよいのは，通常の二次遅れ系の動作解析，例えば減衰比 ζ による共振点のピークの持ち上がり方の違いや，ステップ入力に対する応答違いの評価など，全くそのまま当てはめることができるのである．

導出は省略するが，位相余裕を ϕ とすると，減衰比 ζ との間に次の関係が成り立つ．

$$\Phi = \tan^{-1} 2\zeta \sqrt{2\zeta^2 + \sqrt{4\zeta^4 + 1}} \tag{7-17}$$

式(7-17)を図示すると，**図 7.18** の通りとなる．例えば減衰比 ζ を 0.5 にしたいなら位相余裕が $52[\mathrm{deg}]$ が必要で，減衰比 ζ が 0.7 なら $70[\mathrm{deg}]$ が必要なことがわかる．**図 7.19** は図 7.18 の縦横軸を入れ替えたものである．位相余裕 $30[\mathrm{deg}]$ なら減衰比 ζ は 0.27，$60[\mathrm{deg}]$ なら 0.62 であることが読み取れる．

位相余裕 ϕ から減衰比 ζ への換算ができれば，二次遅れ系の特徴を表す他のパラメータの導出は簡単である．ゲインがピークとなるピーク周波数 ω_p，

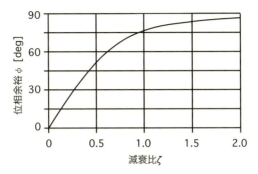

図 7.18 減衰比と位相余裕の関係

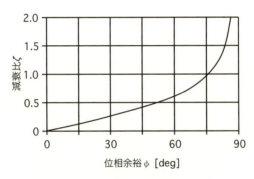

図 7.19 位相余裕と減衰比の関係

そのときのピークゲイン M_p, ゲインが -3[dB] となるカットオフ周波数 ω_{off} は, 次のように表すことができる.

$$\omega_p = \omega_n \sqrt{1-2\zeta^2} \tag{7-18}$$

$$M_p = \frac{1}{2\zeta\sqrt{1-\zeta^2}} \tag{7-19}$$

$$\omega_{off} = \omega_n \sqrt{1-2\zeta^2 + \sqrt{(1-2\zeta^2)^2+1}} \tag{7-20}$$

先に, オープンループでのゼロクロス点の周波数, クローズドループでの共振周波数, ゲインがピークとなる周波数, カットオフ周波数について, これらの周波数はほとんど同じと思っていても大勢に影響はないと述べたが, 厳密に計算すると少しずつ異なる. 式(7-16), (7-18), (7-20)から計算すると, 図

7.20 が得られる．図 7.20 は，減衰率 ζ を横軸にとった場合の，共振周波数 ω_n を基準とした，ゼロクロス点の周波数 ω_z，ピークゲイン周波数 ω_p，カットオフ周波数 ω_{off} の比率である．

図 7.21 は，減衰率 ζ を横軸にとった場合の，ゼロクロス点の周波数 ω_z を基準とした，共振周波数 ω_n，ピークゲイン周波数 ω_p，カットオフ周波数 ω_{off} の比率である．フィードバック制御系を設計するときにはオープンループのゼロクロス点から先に決まるので，こちらの方が感覚に合うかもしれない．

前述のように，ゼロクロス点での位相が $-90[\mathrm{deg}]$ のときは，クローズド

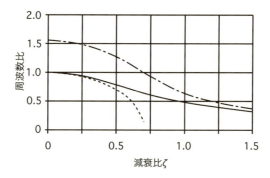

図 7.20 減衰比と共振点基準の各特徴周波数の関係
（実線：ω_z/ω_n，点線：ω_p/ω_n，一点鎖線：ω_{off}/ω_n）

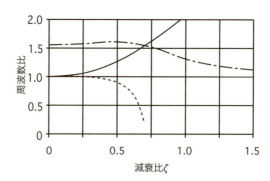

図 7.21 減衰比とゼロクロス点基準の各特徴周波数の関係
（実線：ω_n/ω_z，点線：ω_p/ω_z，一点鎖線：ω_{off}/ω_z）

ループ特性は一次遅れ系となる．一次遅れ系では共振周波数やピークゲイン周波数はない．オープンループのゼロクロス点の周波数 ω_z が，クローズドループのカットオフ周波数 ω_{off} となると考えて良い．

7.5　アナログ制御とデジタル制御

最近では制御系を構成する際，コントローラを連続時間系のアナログ制御で行うのではなく，離散時間系，すなわちソフトウェアによるデジタル制御で行われることが多い．

コントローラの設計には，制御対象の特性を離散化し直接デジタルコントローラ設計することもできるが，最も簡単なのは，なじみ深い連続系でアナログコントローラを設計しておき，それを変換してデジタルコントローラとする手法である．変換には第 5 章で示した双一次変換を用い，IIR フィルタでコントローラを構成する．制御帯域に比べサンプリング周波数を高く取れる場合には，十分な性能が得られる．

アナログ系で設計したコントローラを $G_c(s)$ として，これを双一次変換したデジタルコントローラが，

$$H_c(z) = \frac{b_0 + b_1 z^{-1} + b_2 z^{-2}}{1 + a_1 z^{-1} + a_2 z^{-2}} \tag{7-21}$$

であったとする．双一次変換では $G_c(s)$ と $H_c(z)$ は同じ次数となるので，この例では $G_c(s)$ が 2 次まで対応できる．このコントローラを，図 7.22 の IIR フィルタの形で，ソフトウェアで実現することにする．

具体的には，図 7.22 の点線部をソフトウェアで記述することになる．図中の x, $m0$, $m1$, y は，ソフトウェア中の変数，あるいはメモリ領域である．**図 7.23** に，このソフトウェアのフローを示す．1 サンプリング毎に，この処理を繰り返せば良い．

z^{-1} は時間方向に 1 ステップ遅らせることであるから，図 7.23 のように 1 サンプリング毎に演算することで，時間方向の遅れも実現できる．

第7章 フィードバック制御〜制御システムを作る〜

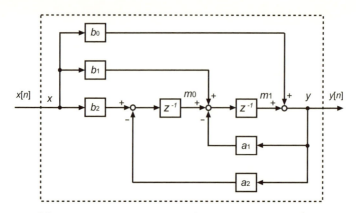

図 7.22 IIR フィルタによるデジタルコントローラの実現

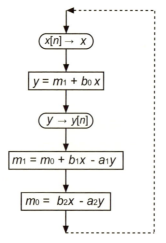

図 7.23 ソフトウェアのフロー

第 8 章　実際のフィードバック制御 ～制御の実例～

8.1　磁気ディスクドライブの制御

　磁気ディスクドライブとは，磁性体を塗布したディスクを回転させ，その上でデータの記録・再生を行う記憶装置である．ディスクが硬いアルミやガラスで作られていることから，ハードディスクドライブ（HDD, Hard Disk Drive）とも呼ばれる．

（1）　磁気ディスクドライブの構成

　図 8.1 に，磁気ディスクドライブの構成を示す．ディスク上を浮上する磁気ヘッドを用いてデータの記録再生を行う．データは，同心円状のトラックの上で読み書きされる．磁気ヘッドは，スウィングアームと呼ばれる機構の先端に取り付けられている．スウィングアームの一端にはボイスコイルが取り付けられ，電流を流すとローレンツ力でスウィングアームを回転させることができ，これを用いて磁気ヘッドの位置決めを行う．

　磁気ヘッドは記録再生を行うため，目標トラックの上に位置決めされなければならない．これをトラッキング制御と呼ぶ．ディスクのトラック上には，間欠的にサーボマークと呼ばれるパタンが記録されており，このサーボマークから位置決めの基準となるトラックずれ信号が生成される．このトラックずれ信号がゼロとなるよう，フィードバック制御でボイスコイルを駆動すればよいわけである．また磁気ディスクドライブには，異なったトラックに磁気ヘッドを

第8章 実際のフィードバック制御〜制御の実例〜

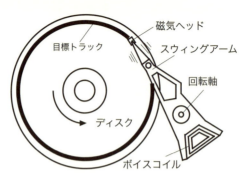

図 8.1　磁気ディスクドライブの構成

移動させるアクセスあるいはシークと呼ばれる制御もある．

(2) 機構のモデル化

スウィングアームの機構のモデルは，バネもダンパもない慣性系であり，最も簡単な系である．ボイスコイルの駆動力を t，スウィングアームの回転角を ϕ，慣性モーメントを I とすると，運動方程式は次のようになる．

$$I\frac{d^2\phi}{dt^2} = t \tag{8-1}$$

式(8-1)は回転運動に関する運動方程式であるが，直線運動に関する運動方程式と全く同じ形をしているので，$t \to f$, $\phi \to x$, $I \to m$ と置き換えて，こちらで考える．運動方程式は

$$m\frac{d^2x}{dt^2} = f \tag{8-2}$$

となるから，伝達関数は式(8-1)をラプラス変換して，

$$ms^2 X = F \tag{8-3}$$

$$G_m(s) = \frac{X}{F} = \frac{1}{ms^2} \tag{8-4}$$

となる．

8.1 磁気ディスクドライブの制御

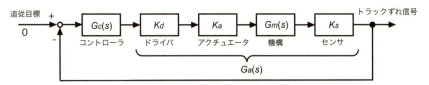

図 8.2 トラッキング制御系の構成

(3) トラッキング制御系

磁気ディスク装置におけるトラッキング制御系の構成を，図 8.2 に示す．トラックずれ信号に対して，それをゼロにするよう，フィードバックが働く．

ボイスコイルは電流ドライバで駆動されるとする．コイルを電流ドライバではなく電圧ドライバで駆動する場合は，コイルの逆起電力や磁束変化による誘導起電力で，特性の記述が複雑になる．これについては直流モータの制御の節で述べる．ドライバの感度を K_d，ボイスコイルの推力定数を K_a，トラックずれ信号の検出感度を K_s とする．

制御対象の特性 $G_a(s)$ は，次のようになる．

$$G_a(s) = \frac{K_d K_a K_s}{ms^2} \tag{8-5}$$

式 (8-5) の特性の例を，図 8.3 に示す．ゲインの絶対値は実際の定数により

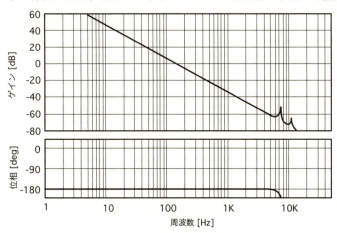

図 8.3 制御対象の特性

変わるが,この図はその一例である.バネ,ダンパのない慣性系であり,ボード線図のゲインは傾きが $-40[\mathrm{dB/dec}]$ の直線,位相は $-180[\mathrm{deg}]$ である.ただし高域では,スウィングアームの曲げの共振振動（望ましくない振動）のピークが見え,位相が乱れ始める.

図8.3 の制御対象を制御するために,位相進みで位相余裕を確保し,ゲインでゼロクロス点を所望の周波数に持ち上げる.コントローラ $G_c(s)$ の伝達関数を次式に示す.

$$G_c(s) = K_c \frac{1+T_2 s}{1+T_1 s} \tag{8-6}$$

式(8-6)のコントローラを用いたときのオープンループ特性の例を**図8.4** に示す.ゲインのおよそ25[dB] 持ち上げ,ゼロクロス点の周波数がおよそ1[kHz],また位相余裕が50[deg] 程度となるようにしたものである.

このときのクローズドループ特性を,**図8.5** に示す.カットオフ周波数は1[kHz] より少し上となり,これがトラッキング制御系の追従帯域となる.

磁気ディスク装置のディスク回転数を6000[rpm],すなわち100[Hz] と仮定すると,図8.4 からこの周波数での抑圧比は約 30[dB],1/30 であることが

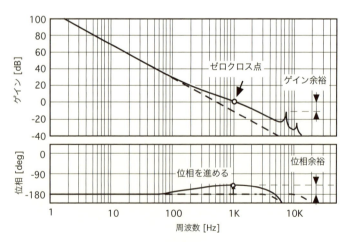

図8.4 トラッキング制御系のオープンループ特性

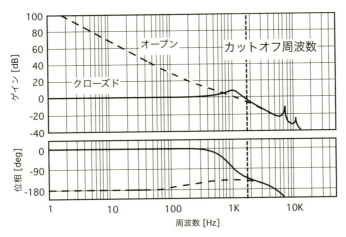

図 8.5 トラッキング制御系のクローズドループ特性

わかる.許容されるトラッキング誤差を $0.03[\mu m]$ とすると,回転に伴うトラックの位置変動は $1[\mu m]$ に押さえる必要がある.

実際,磁気ディスク装置のトラッキング制御系の帯域は $1[kHz]$ 程度である.しかし昨今の記録密度の向上に伴う狭トラックピッチ化に伴い,許容されるトラッキング誤差も小さくなってきている.カットオフ周波数を上げて制御帯域を広げ,抑圧比を上げることが必要であるが,スウィングアームの共振によりむやみに上げることができない.最近,スウィングアームと圧電素子を用いた微動機構を組み合わせた2段アクチュエータを用いて,制御帯域を広げトラッキング性能を上げた磁気ディスク装置が製品化され始めている.

(4) シーク制御系

磁気ディスクドライブにおいて,現在のトラックとは別のトラックで情報の読み書きを行いたいとき,磁気ヘッドを大きく動かす必要がある.これをシーク動作,あるいはアクセス動作と呼ぶ.シーク動作の様子を,**図 8.6** に示す.

シーク動作において,ディスク半径方向の最大移動ストローク,言い換えればトラックが配置されている領域の半径方向のストロークを L とすると,ラ

第8章 実際のフィードバック制御～制御の実例～

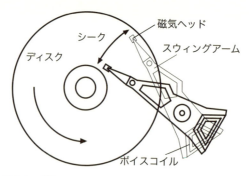

図 8.6 磁気ディスクドライブにおけるシーク動作

ンダムに2つのトラックを選んだときの平均移動ストロークは $L/3$ である．したがって，この $L/3$ のストロークを移動するときに必要な時間を，（平均）シークタイムと呼ぶ．実際にはデータの頭までには，平均してディスク回転時間の 1/2 だけ，さらに回転待ち時間がかかることになる．実際の磁気ディスクドライブでは，シークタイムは 3～5[ms] 程度，回転待ち時間はディスク回転数 6000[rpm] で 5[ms] となる．

シークにおいて，スタート点から目標点まで最短時間で到達するためには，中間地点まで最大加速度で加速し，そこから最大加速度で減速する必要がある．これをバンバン（Bang-Bang）制御と呼ぶ．加速，減速の加速度については，通常例えばアクチュエータに流せる電流の制限などから決まっている．

シーク動作における速度プロファイルの例を，図 8.7 に示す．短いストロークでは上述のバンバン制御で，中間地点まで最大加速，その後最大減速となる

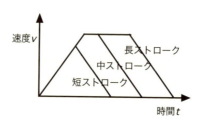

図 8.7 シーク動作における速度プロファイル

ので，速度プロファイルは三角形となる．中〜長ストロークでは，速度の上限を設け，台形のプロファイルで駆動される．台形の方が電力効率がよいからである．より正確には，ストロークが $L/3$ までは三角駆動，ストロークが $L/3$ 〜 L では台形駆動とされる．

図 8.7 のようなプロファイルでスウィングアームを駆動するためには，速度フィードバック系を構成し，速度制御を行う．すなわち図 8.7 の速度プロファイルを目標値とし，そのプロファイルに従うよう磁気ヘッドの移動速度を制御するのである．

磁気ディスクドライブにおける速度制御系のブロックダイアグラムを，**図 8.8** に示す．

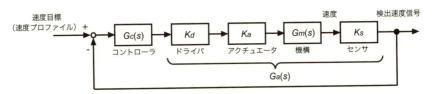

図 8.8 速度制御系

ドライバの感度を K_d，ボイスコイルの推力定数を K_a，磁気ヘッドの移動速度の検出感度を K_s とする．磁気ヘッドの移動速度は，実際にはトラック横断中に検出されたサーボマーク信号から生成される．

速度の場合，運動方程式は，

$$m\frac{dv}{dt} = f \tag{8-7}$$

となるから，機構の特性は式(8-7)をラプラス変換して，

$$msV = F \tag{8-8}$$

$$G_m(s) = \frac{V}{F} = \frac{1}{ms} \tag{8-9}$$

となる．また以上から，制御対象の特性 $G_a(s)$ は，

$$G_a(s) = \frac{K_d K_a K_s}{ms} \tag{8-10}$$

となる．

式(8-10)の特性は一次遅れ系であり位相は $-90[\mathrm{deg}]$ なので，どうフィードバックしても制御は安定である．そこで，簡単にゲインでゼロクロス点を所望の周波数に持ち上げるのみとし，コントローラ $G_c(s)$ として，

$$G_c(s) = K_c \tag{8-11}$$

を用いることにする．オープンループ特性は，

$$G_{open}(s) = G_c(s)G_a(s) = \frac{K_c K_d K_a K_s}{ms} = \frac{1}{T_v s} \tag{8-12}$$

となる．ただし，$T_v = m/(K_c K_d K_a K_s)$ とした．

ゼロクロス点の周波数を $500[\mathrm{Hz}]$，すなわち $T_v = 1/\omega_v = 1/(2\pi 500) = 3.18 \times 10^{-4}$ としたときの，式(8-12)のオープンループ特性を図 **8.9** に示す．ボード線図のゲインは傾きが $-20[\mathrm{dB/dec}]$ の直線，位相は $-90[\mathrm{deg}]$ である．十分位相余裕があるため，スウィングアームの曲げ振動の共振のピークは安定性に影響しないと考え，省略してある．実際のところでは，フィードバックのゲイ

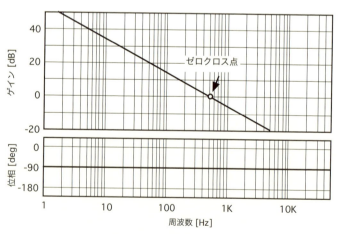

図 **8.9** 速度制御系のオープンループ特性

8.1 磁気ディスクドライブの制御

ンを上げようとすると,スウィングアームの曲げ振動よりサーボマークからの速度信号検出における位相遅れが影響してくる.

このときのクローズドループ特性は,

$$G_{clsoed}(s) = \frac{G_c(s)G_a(s)}{1+G_c(s)G_a(s)} = \frac{1/T_v s}{1+1/T_v s} = \frac{1}{1+T_v s} \tag{8-13}$$

となる.またこれをボード線図で表すと,**図 8.10** となる.

オープンでのゼロクロス点の周波数 500[Hz] がそのままクローズドのカットオフ周波数となり,これが速度制御系の帯域となる.

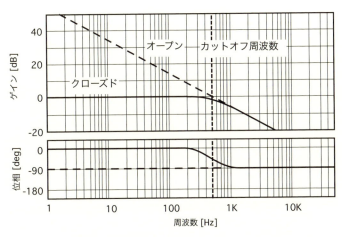

図 8.10 速度制御系のクローズドループ特性

(5) シーク制御からトラッキング制御への切り替え

シーク制御で目標とするトラックに到達した後,トラッキング制御に切り替えて,トラックへの追従を行う.このとき,トラックへの引き込み動作を考慮しておく必要がある.

シーク動作終盤の目標トラック直前では,減速動作が行われている.このときの速度制御系の追従誤差を考える.ラプラス変換の最終値定理より,追従誤差 v_e は,

$$v_e = \lim_{s \to 0} sE(s) = \lim_{s \to 0} s \frac{1}{1+G_{open}(s)} V_t(s) = \lim_{s \to 0} s \frac{1}{1+\dfrac{1}{T_v s}} V_t(s)$$

$$= \lim_{s \to 0} s \frac{s}{s+\dfrac{1}{T_v}} V_t(s) \tag{8-14}$$

となる．目標値 $V_t(s)$ は，加速度 α のランプ入力とすると，

$$V_t(s) = \frac{\alpha}{s^2} \tag{8-15}$$

であるから，

$$v_e = \lim_{s \to 0} s \frac{s}{s+\dfrac{1}{T_v}} \frac{\alpha}{s^2} = \alpha T_v = \frac{\alpha}{\omega_v} \tag{8-16}$$

となる．ただし ω_v は角周波数で表した速度制御系の帯域である．

数値例として，減速加速度を $\alpha = 15[\mathrm{G}] \cong 150[\mathrm{m/s^2}]$，制御帯域を $\omega_v = 2\pi 500 \cong 3000[\mathrm{rad/s}]$ とすると，$v_e = 150/3000 = 0.05[\mathrm{m/s}] = 50[\mathrm{mm/s}]$ となって，目標速度がゼロとなった時点でも，この残留速度が残っていることになる．

一方，トラッキング制御系の共振周波数を ω_p とする．これは，図8.5に示したトラッキング制御系の帯域とほぼ同じと考えて良い．残留速度 v_e を持ったままトラッキング制御に切り替えるとすると，オーバーシュート量 x_s はおおよそ次の式で表すことができる．

$$x_s = v_e/\omega_p \tag{8-17}$$

式(8-17)は，正確には制御系の粘性係数 ζ により異なるが，簡略化してある．具体的な数値として $v_e = 50[\mathrm{mm/s}]$，$\omega_p = 2\pi 1000 \cong 6000[\mathrm{rad/s}]$ とすると，$x_s = 50/6000 \cong 8.3[\mu\mathrm{m}]$ となる．この値は磁気ディスクドライブのトラックピッチと比べ，桁違いに大きい．このままではシーク後に目標トラックに止まろうと思っても，何本ものトラックを飛び越してしまう．

実際の磁気ディスクドライブでは，減速時のプロファイルをカーブさせ減速

加速度を小さくしたり,フィードフォワードをかけたりして,残留速度が小さくなるような工夫がされている.

また式(8-17)からわかるように,トラッキング制御系の帯域を広げればオーバーシュート量 x_s は小さくなるので,前述の2段アクチュエータの導入により制御帯域を拡大し,狭トラック化に対応する試みも進められている.

8.2 光ディスクドライブの制御

光ディスクドライブとは,情報を記録したディスクを回転させ,レーザ光を用いてデータの記録・再生を行う記憶装置である.前述の磁気ディスクドライブと異なり,基本的に記録媒体であるディスクは可換であり,装置から出し入れされる.光ディスクの範疇に入るものとして CD,DVD,BD(ブルーレイディスク)などがある.光ディスクドライブは,磁気ディスクドライブの HDD に対して,ODD(Optical Disk Drive)とも呼ばれる.

(1) 光ディスクドライブの構成

図 8.11 に,光ディスクドライブの構成を示す.ディスク上に光ヘッドからレーザ光を照射して,データの記録再生を行う.データは,らせん状のトラックの上で読み書きされる.光ヘッドはボイスコイルあるいはステッピングモータを用いて駆動され,ディスク半径方向に大きく移動することができる.

図 8.12 に,光ディスクドライブにおける制御の様子を示す.ディスクの記録膜上に光スポットを形成するため,対物レンズによりレーザ光が集光される.常に記録膜上に光スポットが焦点を結ぶように,対物レンズを上下させるフォーカシング制御が行われる.またディスク半径方向に並んでいるトラック上に光スポットを位置決めするため,対物レンズをディスク半径方向に移動させるトラッキング制御が行われる.フォーカシング制御は焦点ずれ信号を,トラッキング制御はトラックずれ信号を,それぞれゼロにするようフィードバック制御がかけられる.

第 8 章 実際のフィードバック制御〜制御の実例〜

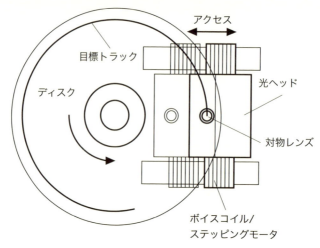

図 8.11　光ディスクドライブの構成

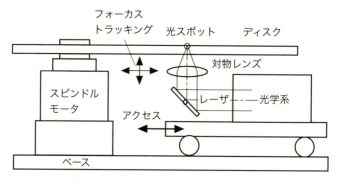

図 8.12　光ディスクドライブにおける制御

　フォーカシング制御およびトラッキング制御は，対物レンズをそれぞれの方向に移動させることで行う．対物レンズのアクチュエータの例を図 8.13 に示す．4 本のワイヤで支持されたレンズの筐体が，フォーカシング方向およびトラッキング方向に駆動される．筐体に配置されたコイルに電流を流すことでローレンツ力を発生させ，駆動を行う．最近ではワイヤでなく，プラスチックのヒンジで支持されたものも多い．

260

8.2 光ディスクドライブの制御

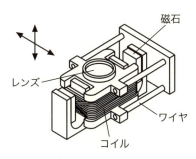

図 8.13 レンズを駆動するアクチュエータの例

(2) 2段サーボによるトラッキング制御

光ディスクドライブには，フォーカシング制御，トラッキング制御，シーク制御の3つがある．このうちフォーカシング制御およびトラッキング制御については，7.3節で典型的なフィードバック制御の例として取り上げたものと同じである．またシーク制御については，磁気ディスクの場合とほとんど同じである．

光ディスクドライブにおいて，特に高精度のトラッキングを行いたい場合，レンズのアクチュエータと光ヘッド全体を動かすアクチュエータを連動させて制御することがある．前者のアクチュエータをファイン（fine，微動）アクチュエータ，後者をコース（coarse，粗動）アクチュエータと呼ぶ．また これらの2つのアクチュエータを連動させる制御を，2段サーボと呼ぶ．

図 8.14 は，光ディスクドライブにおけるトラックのうねりの様子である．光ディスクは媒体可換で，外からディスクを挿入して用いるため，ディスクをはめ込むモータのハブとディスクの間には，隙間があいている．そのため図に示すように，回転に非同期の高い周波数の小さな振動と，ディスクの回転に同期した偏心成分である低い周波数の大きなうねりが重畳されている．レンズを動かすファインアクチュエータのみでトラッキングを行うと，後者の大きなうねりに追従したときにレンズが大きく動くことになり，光軸がずれて光量が低下するなどの問題が生じる．そこで，ファインアクチュエータとコースアクチュエータを協調動作させ，前者で高い周波数の小さな振幅に，後者で低い周波数の大きな振幅に追従させる，2段サーボが用いられる．

第8章 実際のフィードバック制御〜制御の実例〜

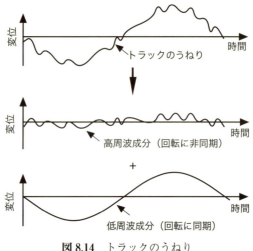

図 8.14 トラックのうねり

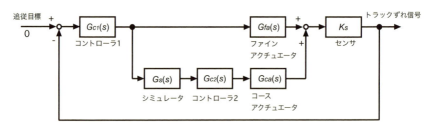

図 8.15 2段サーボ系

2段サーボ系のブロックダイアグラムを**図 8.15**に示す．ファインアクチュエータに並列に，コースアクチュエータが入っている構成になっている．シミュレータはファインアクチュエータの動きを電気的に生成するもので，コースアクチュエータはファインアクチュエータの動きを追いかけることになる．そのため，コースアクチュエータは，ファインアクチュエータの動きをゼロに戻すように動作する．ファインアクチュエータの特性は二次遅れ系であり，シミュレータの特性も二次遅れ系，すなわち一種のLPFである．従って2段サーボ系は，LPFを通した低い周波数成分をコースアクチュエータで追従し，残りの高い周波数成分をファインアクチュエータで追従していることになる．コン

トローラ1および2は，制御を安定化するもので，通常はゲインと移相進みである．

2段サーボ系は光ディスクドライブのみに用いられているのではなく，磁気ディスクドライブの高密度化に伴って，磁気ディスクの2段アクチュエータの制御にも用いられるようになっている．また，高精度な位置決め装置において，やはり粗動機構と圧電素子などによる微動機構の連動を制御する手法としても用いられている．

8.3 圧電素子微動機構の制御

圧電素子は，加えられた電圧に比例した「変位」を発生する，きわめて特異な特性を持ったアクチュエータである．通常アクチュエータは，入力に比例した「力」を発生させるものがほとんどである．力から変位までには機構の特性が介在し，またディメンションを考えても2回の積分が必要である．それに対して圧電素子は，入力に比例した「変位」を直接発生することができる．素子自身の剛性が高く，発生力が大きく，また応答も高速なので，特に低い周波数領域においては機構の特性が見えず圧電素子の特性がそのまま現れるため，扱いやすいアクチュエータである．

圧電素子の一つの欠点は，電圧で駆動する場合，入力電圧と発生変位の間にヒステリシスが生じることである．圧電素子の電気的特性は一種のコンデンサであり，電圧ではなく注入電荷を制御すれば入力電荷と発生変位の間にヒステリシスが生じず，直線性が確保できることが知られている．しかしこの電荷制御は，電荷の放電などの問題があり，長期の安定性がない．そこで，センサで変位を検出し，圧電素子にフィードバックをかけて制御する手法が良く用いられる．

(1) ひずみゲージを用いた圧電素子微動機構

ひずみゲージを用いた圧電素子微動機構の例を，**図 8.16** に示す．圧電素子と，

第8章 実際のフィードバック制御〜制御の実例〜

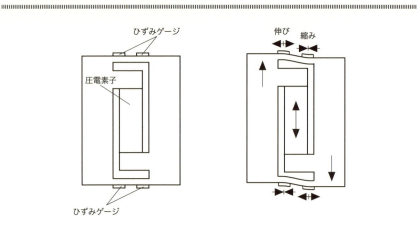

図 8.16 圧電素子の微動制御機構

力センサに用いられる平行平板構造を組み合わせたものである．平行平板上の伸びと縮みのひずみが大きくなる位置にゲージを添付し，圧電素子の発生する変位を検出する．

(2) フィードバック制御系の構成

フィードバック制御系の構成の例を，図 8.17 に示す．アクチュエータである圧電素子は，通常，片電圧，例えば正の 0〜150[V] の電圧範囲で駆動される．ドライバは，この 150[V] までの高電圧を供給できる電圧ドライバである．機構は図 8.16 に示したもので，平行平板構造の剛性が圧電素子の剛性に比べ十分低い場合，圧電素子の変位がそのまま機構の発生変位となると考えてよい．センサは，ひずみゲージでホイートストンブリッジを組み，その出力を増幅するものである．

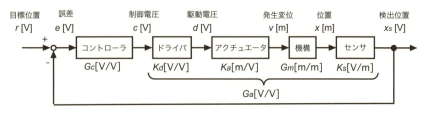

図 8.17 フィードバック制御系の構成

8.3 圧電素子微動機構の制御

数値の例を考えてみる．電圧ドライバは，通常の回路からの 0～15[V] の電圧を 0～150[V] に増幅するとして，$K_d=10$[V/V] となる．圧電素子は，150[V] の電圧印加時に 15[μm] の変位を発生するとして，$K_a=15/150$[μm/V]$=10^{-7}$[m/V] となる．機構は，圧電素子変位がそのまま発生変位となり，また周波数特性を持たないので，$G_m=1$[μm/μm]$=1$[m/m] となる．センサの感度は，1[μm] の変位を 2[V] で検出できるとして，$K_s=2$[V/μm]$=2\times10^6$[V/m] とする．これらの数値より，制御対象の特性 $G_a(s)$ は，次のようになる．

$$G_a(s)=K_d K_a G_m K_s=2[\text{V/V}] \tag{8-18}$$

この特性をボード線図に書いたものが**図 8.18** である．ゲインはフラットで，位相遅れもない．ただし通常の圧電素子では 10[kHz] より上の周波数でさまざまな共振が現れ位相も乱れ始めるので，それも表示してある．

圧電素子を用いた場合，制御対象の特性が周波数特性を持たない単なるゲインとみてよいため，コントローラの特性を決める際の自由度が大きい．コントローラとして，簡単な積分回路を用いることにする．コントローラ $G_c(s)$ の伝達関数を次式に示す．

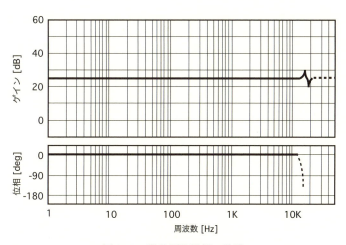

図 8.18 微動制御機構の特性

第8章　実際のフィードバック制御〜制御の実例〜

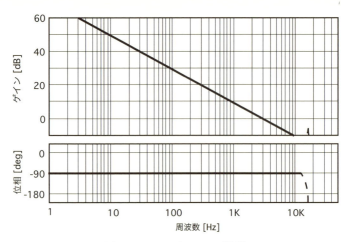

図 8.19　オープンループ特性

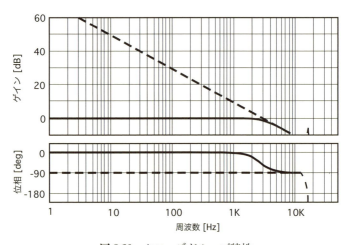

図 8.20　クローズドループ特性

$$G_c(s) = \frac{K_c}{s} \qquad (8\text{-}19)$$

式(8-19)のコントローラを用いたときのオープンループ特性の例を図 8.19 に示す．ゼロクロス点の周波数がおよそ 3[kHz] としてある．このとき K_c はおよそ 6,000 となる．

ゼロクロス周波数は，高い周波数での共振ピークが 0[dB] を超えない範囲で高くすることができる．またコントローラが積分回路であるので周波数が下がるにつれゲインは大きくなっていくが，実際には積分回路はオペアンプで構成されるので，オペアンプのゲインの上限でリミットされてしまう．

クローズドループ特性を，**図 8.20** に示す．カットオフ周波数は 3[kHz] となり，これが追従帯域となる．

8.4 DC モータの制御

DC モータは直流モータとも呼ばれ，その回転力（発生トルク）は，ロータのコイルに流れる電流とステータの磁石が発生する磁界の強さの積に比例する．通常の電圧による駆動を行った場合，コイルには回転に伴う逆起電力が発生するため，回転数が上がるにつれ電流は減少する．従って電圧が一定の場合，ある回転数以上には上がらない．またコイルのインダクタンスのため，駆動電流の変化による逆起電力が発生し，駆動する周波数が高くなると位相の遅れが発生する．

（1） DC モータのモデル化

DC モータのモデルを**図 8.21** に示す．モータにかかる電圧を V_i，流れる電

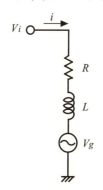

図 8.21 DC モータのモデル

流を i とし,コイルの抵抗を R,インダクタンスを L,および逆起電力を V_g とする.

この DC モータのモデルに関し,次の方程式が成り立つ.

オームの法則:$V_i = Ri + L\dfrac{di}{dt} + V_g$ (8-20)

またモータの発生トルクを t,推力定数を K_a,イナーシャを J,粘性を D,回転速度を ω とすると,次の式が成り立つ.

発生トルク :$t = K_a i$ (8-21)

運動方程式 :$J\dfrac{d\omega}{dt} + D\omega = t$ (8-22)

さらに,回転速度 ω と逆起電力 V_g の間には,次の関係が成り立つ.

逆起電力 :$V_g = K_e \omega$ (8-23)

これらの式をラプラス変化し,変形すると,下記のようになる.

$$I = \dfrac{1}{R + Ls}(V_i - V_g) \tag{8-24}$$

$$T = K_a I \tag{8-25}$$

$$\Omega = \dfrac{1}{Js + D} T \tag{8-26}$$

$$V_g = K_e \Omega \tag{8-27}$$

これらの関係式を図で表すと,**図 8.22** のような,出力が回転速度 Ω であるブロック線図が得られる.

この図に示した DC モータの回転速度特性は,回転速度による逆起電力がフ

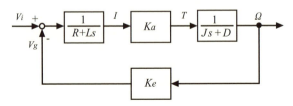

図 8.22 DC モータのブロック線図

ィードバックさせた形となっている．オープンループ特性は以下の通りとなる．

$$G_{vo}(s) = \frac{K_a K_e}{(R+Ls)(Js+D)} \tag{8-28}$$

またこれを変形すると，

$$G_{vo}(s) = \frac{K_a K_e / DR}{\left(\frac{J}{D}s+1\right)\left(\frac{L}{R}s+1\right)} = \frac{K_a K_e / DR}{(T_1 s+1)(T_2 s+1)} \tag{8-29}$$

ただし，$T_1 = J/D$，$T_2 = L/R$，また $T_1 > T_2$ であるとする．

式(8-29)は2つの一次遅れの積の形である．特性を見るために，以下の数値を例として当てはめてみる．

推力定数	$K_a = 1 \times 10^{-3}$ [Nm/A]
逆起電力定数	$K_e = 1 \times 10^{-2}$ [V/rad/s] ([Vs])
イナーシャ	$J = 1 \times 10^{-6}$ [Kgm^2]
粘性	$D = 5 \times 10^{-7}$ [Kgm^2/s]
抵抗	$R = 1$ [Ω]
インダクタンス	$L = 1 \times 10^{-3}$ [H]

これらの数値から，$K_a K_e / DR = 20$，$T_1 = 2$ [s]，$T_2 = 0.001$ [s] となる．ボード線図は，**図 8.23** のような形になる．$1/T_1 = 0.5$ [rad/s]，$1/T_2 = 1000$ [rad/s] の周波数に折れ点があり，低い周波数では 0 [dB/dec]，中間では -20 [dB/dec]，高い周波数では -40 [dB/dec] の傾きとなる．

この特性について，パラメータを変えたときの形の変化を見ておく．まず運動方程式に関連する粘性 D であるが，運動がモータの回転の場合，粘性 D は小さいことが多い．粘性 D が小さくなると，**図 8.24**(a) に示すように，低い方の折れ点周波数 $1/T_1$ が下がっていく．次に，モータのコイルのインダクタンス L であるが，これも小さいことが多い．インダクタンス L を小さくすると，図 8.24(b) に示すように，高い方の折れ点周波数 $1/T_2$ が上がってゆく．

実際の例では，粘性 D，インダクタンス L が無視できる程度に小さいことが多い．その場合，ブロック線図は**図 8.25** に示すような簡単なものになる．

第8章 実際のフィードバック制御〜制御の実例〜

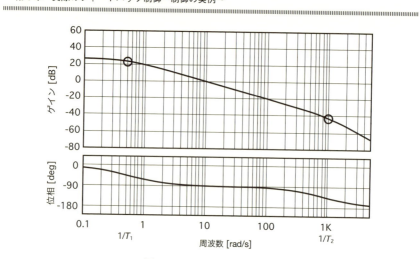

図 8.23 DC モータの特性

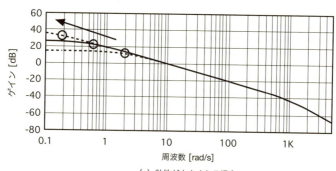

(a) 粘性が小さくなる場合

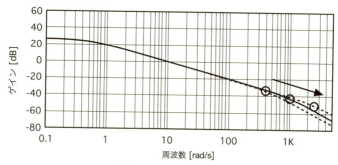

(b) インダクタンスが小さくなる場合

図 8.24 DC モータの特性の変化

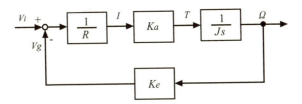

図 8.25 粘性とインダクタンスが無視できる DC モータ

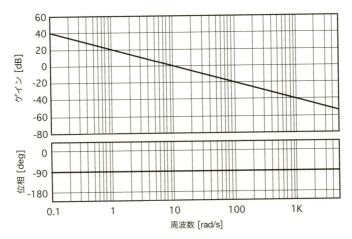

図 8.26 粘性とインダクタンスが無視できる DC モータの特性

このときのオープンループ特性は, 式(8-30)のような簡単な積分型の特性となる.

$$G_{vo}(s) = \frac{K_a K_e}{JRs} \tag{8-30}$$

また, ボード線図は**図 8.26** のようになる. ボード線図の形は, 図 8.24 の結果からも明らかである.

オープンループ特性を式(8-30)とした場合, クローズドループ特性は次の一次遅れ系となる.

$$G_{vc}(s) = \frac{\dfrac{K_a}{JRs}}{1+\dfrac{K_a K_e}{JRs}} = \frac{\dfrac{1}{K_e}}{\dfrac{JRs}{K_a K_e}+1} = \frac{K_m}{T_m s+1} \tag{8-31}$$

ただし，$K_m = 1/K_e$，$T_m = JR/K_a K_e$ である．K_m はゲイン定数，T_m は機械時定数と呼ばれる．結局式(8-31)が，DC モータの回転速度特性を表すことになる．

先の数値例を代入すると，

ゲイン定数　　$K_m = 1/K_e = 100 [1/\text{Vs}]$

機械時定数　　$T_m = 0.1 [\text{s}]$

となる．この値を用いて DC モータの回転速度特性のボード線図を書くと，**図 8.27** のようになる．オープンループ特性のゼロクロス点の周波数が，追従帯域となる．この場合は 10[red/s] である．追従帯域内では，グラフの傾きは 0 [dB/dec] であり，DC モータの回転速度は印加電圧に比例することがわかる．また別の言い方をすれば，回転速度に比例して発生する逆起電力のため，回転速度が抑えられることを意味している．

DC モータの回転速度特性を，K_m，T_m の記号を使って**図 8.28** のモデルのよ

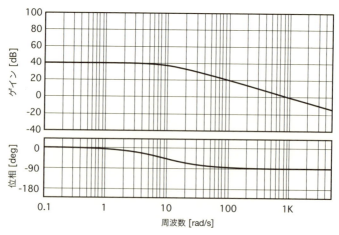

図 8.27　DC モータの回転速度特性

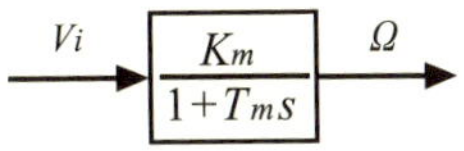

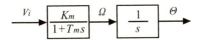

図 8.28 回転速度出力の DC モータのモデル

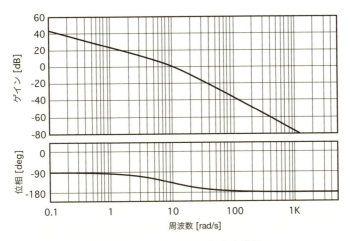

図 8.29 回転角度出力の DC モータのモデル

図 8.30 DC モータの回転角度特性

うにまとめて書くこともある．

　DC モータの回転角度は，回転速度の積分で求められる．式(8-31)および図 8.27 から，DC モータの回転角度特性の伝達関数 $G_{pc}(s)$ は式(8-32)，そのブロック線図は**図 8.29** のようになる．

$$G_{pc}(s) = \frac{K_m}{s(T_m s + 1)} \tag{8-32}$$

また数値例を用いて回転角度特性のボード線図を書くと，**図 8.30** となる．

(2) 回転速度の制御

上で解析したように DC モータの回転速度は,簡単には電圧で制御できるが,負荷が変動したりすると回転速度も変わってしまう.DC モータの回転速度を正確に制御するためには,回転速度を検出し,回転速度をフィードバックした速度制御系を構成する.モータの回転速度の検出には,タコジェネレータやロータリーエンコーダなどの回転速度センサが用いられる.

図 8.31 に,速度フィードバック系のブロック線図を示す.モータの特性は図 8.28 に示したものであり,K_{vd} は回転速度センサの感度,K_v は速度制御系のゲインである.

速度制御系のオープンループ特性,クローズドループ特性は,次のようになる.

$$G_{vo}(s) = \frac{K_m K_v K_{vd}}{T_m s + 1} \tag{8-33}$$

$$G_{vc}(s) = \frac{\dfrac{K_m K_v}{T_m s + 1}}{1 + \dfrac{K_m K_v K_{vd}}{T_m s + 1}} = \frac{K_m K_v}{T_m s + 1 + K_m K_v K_{vd}} = \frac{\dfrac{K_m K_v}{1 + K_m K_v K_{vd}}}{\dfrac{T_m}{1 + K_m K_v K_{vd}} s + 1}$$

$$= \frac{K_{m1}}{T_{m1} s + 1} \tag{8-34}$$

ただし,$K_{m1} = K_m K_v / (1 + K_m K_v K_{vd})$,$T_{m1} = T_m / (1 + K_m K_v K_{vd})$ とした.

$K_m K_v K_{vd} > 0$ であるので $T_{m1} < T_m$ となり,追従帯域は広がることになる.具体的な数値として $K_m = 100 [1/\mathrm{Vs}]$,$K_v = 3$,$K_{vd} = 0.03 [\mathrm{Vs}]$ を代入してみると,

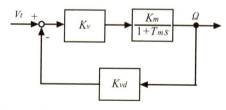

図 8.31 速度のフィードバック系のブロック線図

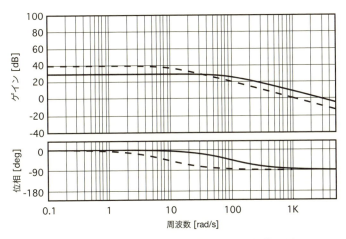

図 8.32 速度制御系のクローズドループ特性の例

$T_{m1}=T_m/10=0.01$[s] となって,追従帯域は 10 倍に広がっている.また $K_{m1}=K_mK_v/10=30$ となる.この様子をボード線図に書くと,**図 8.32** となる.点線はフィードバックをする前の特性である.

(3) 回転位置(角度)の制御

DC モータの回転位置,すなわち角度を制御する事例も多い.回転角を検出し,それをフィードバックして位置制御系を構成する.モータの回転角の検出には,ポテンショメータなどの回転角センサが用いられる.

図 8.33 に,回転角を検出し,フィードバックした例を示す.モータの特性は図 8.29 に示したものであり,回転速度を積分したものが回転角となっている.

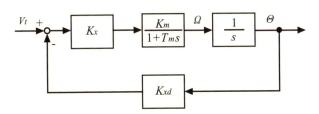

図 8.33 位置制御系のブロック線図

第8章 実際のフィードバック制御～制御の実例～

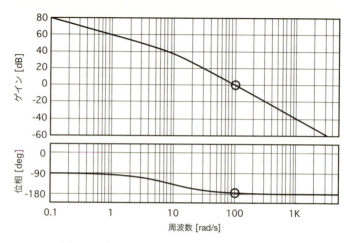

図8.34 位置制御系のオープンループ特性の例

K_{xd} は回転角センサの感度，K_x は位置制御系のゲインである．

図8.34 は，K_{xd}，K_x に適切な値を代入した，図8.33 の位置制御系のオープンループ特性の例である．例えばDC モータのパラメータとして前述の値を用い，さらに $K_{xd}=1[\text{V/rad}]$，$K_x=100$ とすると，ゼロクロス点はおよそ100[rad/s] となる．しかしこの例では，位相余裕がほとんどないため，系が不安定になりがちで，応答も振動的になってしまう．

位置制御系を安定にするために，速度フィードバックを併用する例を，図8.35 に示す．速度フィードバックする部分は，前述の速度制御系と同じである．

速度フィードバックを併用したときの，位置制御系のオープンループ特性を図8.36 に示す．点線はフィードバックをする前の特性である．図8.32 も同時に見るとわかりやすいが，速度フィードバックにより折れ点周波数が上がり，位相余裕も確保できていることがわかる．

図8.37 は，この位置制御系のクローズドループ特性である．追従帯域はおよそ100[rad/s] である．

図8.35 の位置制御系の特性を，式で追いかけてみる．速度フィードバックの部分は，まとめて式(8-34)の $G_{vc}(s)$ を用いるとする．位置制御系のオープン

8.4 DCモータの制御

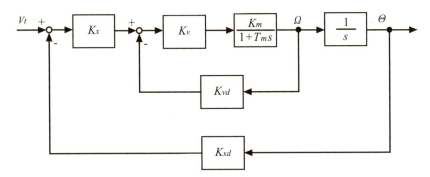

図 8.35 速度フィードバックを併用する位置制御系

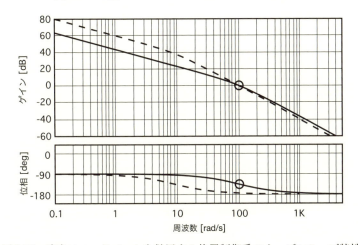

図 8.36 速度フィードバックを併用する位置制御系のオープンループ特性

ループ特性 $G_{xo}(s)$,クローズドループ特性 $G_{xc}(s)$ は,それぞれ次のようになる.

$$G_{xo}(s) = K_x K_{xd} G_{vc}(s)/s = \frac{K_x K_{xd} K_{m1}}{(T_{m1}s+1)s} \tag{8-35}$$

$$G_{xc}(s) = \frac{K_x G_{vc}(s)/s}{1+K_x K_{xd} G_{vc}(s)s} = \frac{K_x K_{m1}/T_{m1}}{s^2+(1/T_{m1})s+K_x K_{xd} K_{m1}/T_{m1}} \tag{8-36}$$

位置制御系の特性は 2 次遅れ系であり,式(8-36)から固有振動数 ω_n および減衰比 ζ は以下の通りとなる.

$$\omega_n = \sqrt{K_x K_{xd} K_{m1}/T_{m1}} \tag{8-37}$$

277

第8章 実際のフィードバック制御～制御の実例～

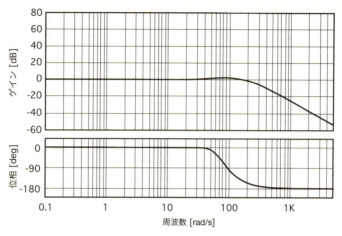

図 8.37 速度フィードバックを併用する位置制御系のクローズドループ特性

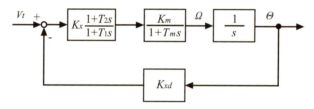

図 8.38 位相進みを用いる位置制御系

$$\zeta = (1/T_{m1})/2\omega_n = 1/2\sqrt{K_x K_{xd} K_{m1} T_{m1}} \tag{8-38}$$

ただし,$K_{m1} = K_m K_v/(1+K_m K_v K_{vd})$,$T_{m1} = T_m/(1+K_m K_v K_{vd})$,また $K_m = 1/K_e$,$T_m = JR/K_a K_e$ であった.K_x,K_v は調整可能なパラメータであるため,これらを適当な値にとることで,位置制御系の特性,すなわち固有振動数 ω_n および減衰比 ζ を設定できることになる.

位置制御系を安定にするために,速度フィードバックを併用する例を見てきたが,そのためにはモータの回転速度を検出する速度センサを用いる必要があった.速度フィードバックではなく,位相進み回路を用いてゼロクロス点付近の位相を進め位相余裕を確保して,安定化することもできる.その例を**図 8.38**に示す.

この位置制御系のオープンループ特性を**図 8.39**に示す.点線は,位相進み

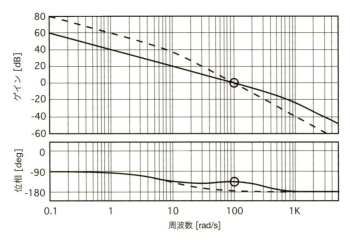

図 8.39 位相進みを用いる位置制御系のオープンループ特性

回路がない場合の特性である．ゼロクロス点付近で位相が進み，位相余裕が確保できていることがわかる．

この位置制御系のクローズドループ特性は，図 8.37 に示したものとほぼ同じなので省略する．やはり追従帯域はおよそ 100[rad/s] である．

(4) 電流ドライバを用いた DC モータの制御

DC モータを駆動するときに，モータのコイルに流れる電流を制御する電流ドライバを用いることがある．指令値に比例した電流がコイルに流れるようにドライブするため，コイルのインダクタンスや，回転に伴う逆起電力の影響をなくすことができる．系の特性が素直になり，制御系を構成しやすくなる．

電流ドライバを用いた場合のモータの回転速度，回転角度の特性は，それぞれ**図 8.40**，**図 8.41** となる．ただし K_d は電流ドライバのゲインである．また伝達関数では，式(8-39)，式(8-40)となる．

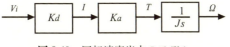

図 8.40 回転速度出力のモデル

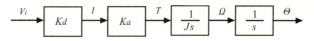

図 8.41　回転角度出力のモデル

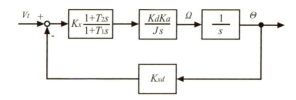

図 8.42　位置制御系

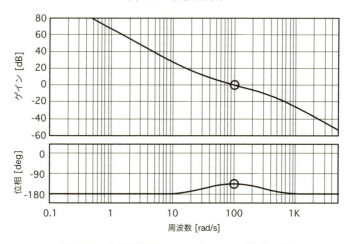

図 8.43　位置制御系のオープンループ特性の例

$$G_{vc}(s) = \frac{K_a K_d}{Js} \qquad (8\text{-}39)$$

$$G_{pc}(s) = \frac{K_a K_d}{Js^2} \qquad (8\text{-}40)$$

位置制御系を構成した例を図 8.42 に，オープンループ特性の例を図 8.43 に示す．位相進み回路を用いてゼロクロス点付近の位相を進め，位相余裕を確保している．この位置制御系のクローズドループ特性は，やはり図 8.37 に示したものとほぼ同様である．

8.5　制御から見たオペアンプ

　オペアンプは，非常にゲインの大きい増幅器である．しかし通常そのまま用いられることはなく，フィードバックをかけ，見かけのゲインを下げて用いられる．フィードバックをかけることは，見かけのゲインを下げるだけでなく，増幅できる周波数帯域を広げ，直線性を向上させることにもなっている．また抵抗の比率だけでゲインを設定でき，周波数特性を持つ回路も簡単に構成できることも大きな利点である．オペアンプをフィードバック回路としてみておくことでこれらの特性が理解でき，また GB 積（Gain-Bandwidth product, ゲインと帯域の積が一定となること）の考えも自然に理解できるはずである．

(1)　オペアンプの裸の特性

　オペアンプは，非反転入力の電圧 V_+ と反転入力の電圧 V_- の間の電位差を，高いゲインで増幅するものである．図 8.44 のような，反転入力が接地されている回路を考える．

　非反転入力に入力電圧 V_i を加えるとすると，出力電圧 V_o は，

$$V_o = (V_+ - V_-)G_{op}(s) = V_i G_{op}(s) \tag{8-41}$$

となる．ただし，$G_{op}(s)$ はオペアンプの伝達関数である．

　オペアンプの特性（伝達関数）は一次遅れ系で設計されており，次の式で表すことができる．

$$G_{op}(s) = \frac{K_{op}}{1 + T_{op} s} \tag{8-42}$$

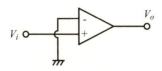

図 8.44　反転入力接地のオペアンプ

ただし K_{op} は低域での増幅率,T_{op} は折れ点の時定数である.折れ点周波数 f_{op}[Hz] あるいは ω_{op}[rad/s] とは,

$$T_{op} = \frac{1}{\omega_{op}} = \frac{1}{2\pi f_{op}} \tag{8-43}$$

の関係がある.

伝達関数が一次遅れ系であるので,通常のフィードバックをかける限り,クローズドループは安定である.またクローズドループ特性も一次遅れ系となり,二次遅れ系にあるような共振やダンピングなどを考えずにすむ.

増幅率 K_{op} および時定数 T_{op} が以下であるとする.ただし折れ点周波数 f_{op} を 10[Hz] とした.これらはおおよそ,汎用のオペアンプの代表的な数値である.

$$K_{op} = 100,000 \tag{8-44}$$

$$T_{op} = 1/\omega_{op} = 1/2\pi f_{op} = 1/2\pi 10 \cong 0.016 \tag{8-45}$$

このときのオペアンプの伝達関数をボード線図で表すと,**図 8.45** のようになる.これはオペアンプにフィードバックをかける前の,オープンループの特性である.折れ点より上の周波数では,ゲインは -20[dB/dec] で低下し,位

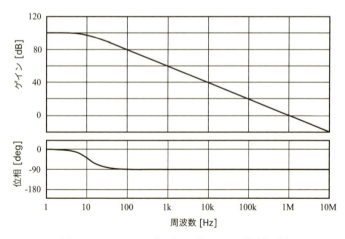

図 8.45 オペアンプのオープンループ特性の例

相は -90[deg] となる．またゼロクロス周波数は 1[MHz] である．後述するが，GB 積は 1[MHz] ということになる．

(2) ボルテージフォロワの特性

図 8.46 のボルテージフォロワを考える．オペアンプは，前述の特性のものとする．

オペアンプの出力と反転入力が接続されているので，次の式が成り立つ．

$$V_- = V_o \tag{8-46}$$
$$V_o = (V_+ - V_-)G_{op}(s) = (V_i - V_o)G_{op}(s) \tag{8-47}$$

式(8-47)をブロック線図で表すと，図 8.47 のようになる．

またクローズドループ特性は式(8-48)となり，これをボード線図で表すと図 8.48 となる．

$$G(s) = \frac{V_o}{V_i} = \frac{G_{op}(s)}{1+G_{op}(s)} \tag{8-48}$$

ちなみに図 8.48 のクローズドループ特性の求め方は，図 8.45 のオープンループ特性からビジュアルに求めるのが簡単である．すなわちゲインは 0[dB] で，帯域はゼロクロス周波数の 1[MHz] でこれがカットオフ周波数となる．

もちろん，式(8-48)に式(8-42)を代入し，次のようにして計算で求めてもよ

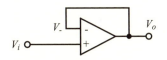

図 8.46 ボルテージフォロワ

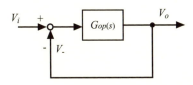

図 8.47 ボルテージフォロワのブック線図

第8章 実際のフィードバック制御〜制御の実例〜

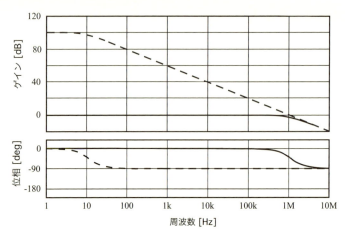

図 8.48 クローズドループ特性

い.

$$G(s) = \frac{G_{op}(s)}{1+G_{op}(s)} = \frac{\dfrac{K_{op}}{1+T_{op}S}}{1+\dfrac{K_{op}}{1+T_{op}S}} = \frac{K_{op}}{1+K_{op}+T_{op}S} = \frac{\dfrac{K_{op}}{1+K_{op}}}{1+\dfrac{T_{op}}{1+K_{op}}S}$$

$$\cong \frac{1}{1+\dfrac{T_{op}}{K_{op}}S} \tag{8-49}$$

この式からも,追従周波数帯域内ではゲインは1倍,すなわち0[dB]であること,また時定数は$1/K_{op}$,すなわち1/100,000になっており,カットオフ周波数は100,000倍の1[MHz]となっていることがわかる.

(3) 非反転増幅器の特性

図 8.49 の非反転増幅器を考える.オペアンプは,前述の特性のものとする.

オペアンプの反転入力には,出力を抵抗で分圧した電圧が加えられており,次の式が成り立つ.

$$V_- = \frac{R_1}{R_1+R_2}V_o \tag{8-50}$$

284

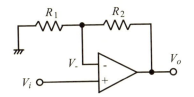

図 8.49 非反転増幅器

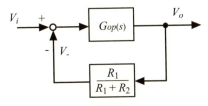

図 8.50 非反転増幅器のブロック線図

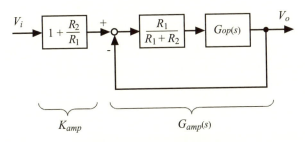

図 8.51 ブロック線図の変形

$$V_o = (V_+ - V_-)G_{op}(s) = \left(V_i - \frac{R_1}{R_1+R_2}V_o\right)G_{op}(s) \qquad (8\text{-}51)$$

式(8-51)をブロック線図で表すと，**図 8.50** のようになる．
またクローズドループ特性は次式となる．

$$G(s) = \frac{V_o}{V_i} = \frac{G_{op}(s)}{1 + \frac{R_1}{R_1+R_2}G_{op}(s)} \qquad (8\text{-}52)$$

図 8.50 のブロック線図は，**図 8.51** のように書き換えることができる．増幅率に関与する部分 K_{amp} と，周波数特性に関与する部分 $G_{amp}(s)$ に分けている．

図 8.50 から図 8.51 への変形は，慣れるとブロック線図で直接行えるが，次のように式を変形して求めてもよい．

$$G(s) = \frac{G_{op}(s)}{1 + \dfrac{R_1}{R_1 + R_2} G_{op}(s)} = \left(1 + \frac{R_2}{R_1}\right) \frac{\dfrac{R_1}{R_1 + R_2} G_{op}(s)}{1 + \dfrac{R_1}{R_1 + R_2} G_{op}(s)} \quad (8\text{--}53)$$

$R_2 \gg R_1$ とすると，K_{amp}，$G_{amp}(s)$ は次のように書くことができる．

$$K_{amp} = \frac{R_2}{R_1} \quad (8\text{--}54)$$

$$G_{amp}(s) = \frac{\dfrac{R_1}{R_2} G_{op}(s)}{1 + \dfrac{R_1}{R_2} G_{op}(s)} = \frac{\dfrac{1}{K_{amp}} G_{op}(s)}{1 + \dfrac{1}{K_{amp}} G_{op}(s)} \quad (8\text{--}55)$$

ここで，増幅回路の周波数特性を見るために，$G_{amp}(s)$ のみの特性を考えることにする．K_{amp} を 100 倍，すなわち 40[dB] としたときの，$G_{amp}(s)$ を図 8.52 のボード線図に示す．

$G_{amp}(s)$ のオープンループ特性は，元の裸のオペアンプの特性から $1/K_{amp}$，すなわち 1/100 となり，40[dB] 低下する．それに伴ってゼロクロス周波数も

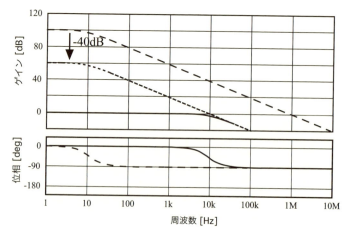

図 8.52 周波数特性に関与する部分の特性

1/100 となり，もとの 1[MHz] から 10[kHz] へと低下する．$G_{amp}(s)$ のクローズドループ特性は図 8.52 の実線のようになり，カットオフ周波数は 10[kHz] となる．

K_{amp}, $G_{amp}(s)$ を掛け合わせた，非反転増幅回路全体としての特性の例を**図 8.53** に示す．図 8.52 の $G_{amp}(s)$ の特性を，K_{amp} 分だけ持ち上げたことになる．増幅回路の特性として，ゲインは 40[dB]，カットオフ周波数（帯域）は 10[kHz] となっている．

図 8.54 は，増幅率を変えたときの，非反転増幅回路の特性をプロットしたものである．増幅率を上げるほど，帯域が狭くなるのがわかる．またこれら増幅率を変えたときの特性のグラフは，オペアンプの裸のオープンループ特性に内接することがわかる．従って元の特性がわかれば，増幅率を変えたときの帯域も，特性図からすぐに求めることができる．

増幅率と帯域幅の積は GB 積と呼ばれ，オペアンプの性能により一定の値となる．ここで取り上げた例では GB 積は 1[MHz] であり，例えば増幅率 1 倍（0[dB]）のとき帯域は 1[MHz] であるが，増幅率を 1000 倍（60[dB]）にすると帯域は 1[kHz] まで低下する．

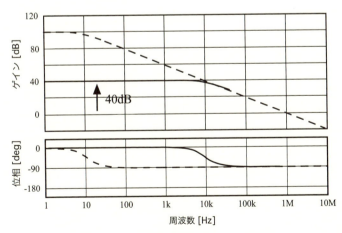

図 8.53 非反転増幅回路全体としての特性

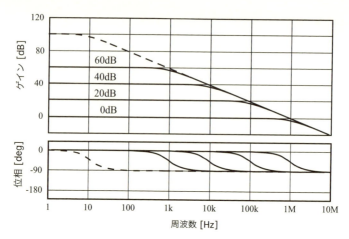

図 8.54 増幅率と周波数帯域

高い増幅率が必要な場合，1段のオペアンプで増幅すると周波数帯域が狭くなってしまうため，2段のオペアンプで増幅することも多い．

(4) 反転増幅器の特性

図 8.55 の反転増幅器を考える．オペアンプは，前述の特性のものとする．

オペアンプの反転入力には，入力と出力を抵抗で分圧した電圧が加えられている．また非反転入力はグラウンドされているので，次の式が成り立つ．

$$V_- = V_i + \frac{R_1}{R_1+R_2}(V_o - V_i) = \frac{R_2}{R_1+R_2}\left(V_i + \frac{R_1}{R_2}V_o\right) \tag{8-56}$$

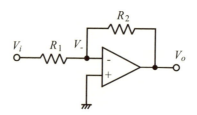

図 8.55 反転増幅器

$$V_o = -V_- G_{op}(s) = -\frac{R_2}{R_1+R_2}\left(V_i + \frac{R_1}{R_2}V_o\right)G_{op}(s) \tag{8-57}$$

式(8-57)をブロック線図で表すと，**図 8.56** のようになる．反転増幅回路なので，図中オペアンプの特性を $-G_{op}(s)$ としてある．また，左の入力と出力からのフィードバックの部分は，加算となっている．

クローズドループ特性は，式(8-58)となる．

$$G(s) = \frac{V_o}{V_i} = \frac{-\dfrac{R_2}{R_1+R_2}G_{op}(s)}{1-\dfrac{R_1}{R_2}\cdot\dfrac{R_2}{R_1+R_2}\{-G_{op}(s)\}} \tag{8-58}$$

図 8.56 のブロック線図は，**図 8.57** のように書き換えることができる．前述の非反転増幅回路と同様，増幅率に関与する部分 K_{amp} と，周波数特性に関与する部分 $G_{amp}(s)$ に分けることができる．ただしこの回路は反転増幅回路なので，K_{amp} はマイナスである．

図 8.56 から図 8.57 への変形は，次のように式を変形して求めてもよい．

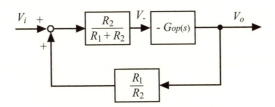

図 8.56 反転増幅器のブロック線図

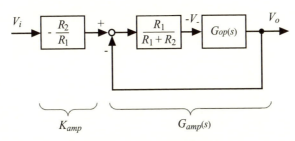

図 8.57 ブロック線図の変形

$$G(s) = \cfrac{-\cfrac{R_2}{R_1+R_2}G_{op}(s)}{1-\cfrac{R_1}{R_2}\cdot\cfrac{R_2}{R_1+R_2}\{-G_{op}(s)\}} = -\cfrac{R_2}{R_1}\cdot\cfrac{\cfrac{R_1}{R_1+R_2}G_{op}(s)}{1+\cfrac{R_1}{R_1+R_2}G_{op}(s)}$$

(8-59)

$R_2 \gg R_1$ とすると，K_{amp}, $G_{amp}(s)$ は次のように書くことができる．

$$K_{amp} = -\frac{R_2}{R_1} \tag{8-60}$$

$$G_{amp}(s) = \cfrac{\cfrac{R_1}{R_2}G_{op}(s)}{1+\cfrac{R_1}{R_2}G_{op}(s)} = \cfrac{\cfrac{1}{|K_{amp}|}G_{op}(s)}{1+\cfrac{1}{|K_{amp}|}G_{op}(s)} \tag{8-61}$$

これらの式は，K_{amp} にマイナスがついている以外は，非反転増幅回路と同じである．また増幅率や周波数特性の議論も非反転増幅回路と同じなので，省略する．

8.6 オペアンプで構成した制御回路

制御をかけるためのコントローラは，回路で構成することも，ソフトウェアで構成することもできる．複雑な制御則が必要だったり，制御パラメータを動的に変更する必要がある場合には，ソフトウェアで構成しておくのがよい．しかし世の中の多くを占める単純な1入力1出力のフィード系では，オペアンプを使ったアナログ回路で構成するのが簡単である．ここでは特に実験や試作段階で使いやすいような，オペアンプで構成したアナログ制御回路例を示す．

(1) 制御回路の対象部分

図 8.58 は，一般的なフィードバック制御系の構成である．回路で構成するのは，図の点線の部分である．制御回路は，目標値とセンサの検出値を入力とし，アクチュエータの駆動電流あるいは電圧を出力とする．場合によっては，センサの信号を処理する部分も回路に含まれることもある．

8.6 オペアンプで構成した制御回路

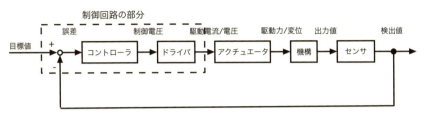

図 8.58 一般的なフィードバック制御系の構成

(2) モータを駆動する制御回路の例

図 8.59 は,位相進みを用いた制御回路の例である.またボイスコイルモータやDCモータなど,ローレンツ力を用いるアクチュエータを駆動する電流ドライバを備えている.具体的には,磁気ディスク装置のスウィングアームのトラッキング制御や,光ディスク装置のフォーカシング／トラッキング制御,DCモータの回転角制御等に用いられる回路である.図中に,各素子の簡単な機能を記してある.それに従って説明する.

図 8.59 の回路は,ドライバ以外は汎用オペアンプLF356としたが,これは適宜変更してもかまわない.また回路図中白抜きの四角で囲んだ抵抗やコンデンサは,ソケットで適宜差し替えて,定数を変更して用いるものである.

a) 差動演算

目標値とセンサからの検出値の差分をとり,誤差信号を作る部分である.回路は1倍の差動増幅回路であるが,ここでゲインを大きくしてもよい.

b) ゲイン調整

コントローラのゲインを調整する回路である.可変抵抗により,1～50倍程度でゲインを調整できる.

c) 位相進み

フィードバックを安定化するために,位相を進める回路である.この例では,1[kHz]付近を中心として40[deg]程度の位相進みが得られる定数となっている.後段が位相進みの定数に影響を与えることを防ぐため,入力インピーダンスが高い非反転増幅回路で受けている.このオペアンプは,ボルテージフォ

第8章 実際のフィードバック制御〜制御の実例〜

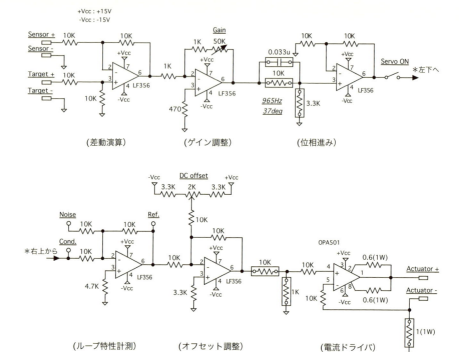

図 8.59 位相進みを用いた制御回路の例

ロワにするのでもよい.

d) ループ特性計測

フィードバック制御系を評価するには，ネットワークアナライザやFFTアナライザ，サーボアナライザを用いて，そのオープンループ特性をダイレクトにビジュアル化することが最もわかりやすい手法である．しかし回路がオープンな状態で特性を計測しようとすると，回路が飽和したりアクチュエータに大電流が流れたり，十分なS/Nが確保できないなど，うまく測定ができない．

図の回路を用いると，ループに信号を注入し，クローズドループの動作状態でオープンループ特性を計測することが可能となる．フィードバックがかかった状態で計測できるので，前述の問題が起こらない．具体的には，例えば

Noise 端子にネットワークアナライザの信号出力を入れ，Ref. 端子と Cond. 端子の信号をそれぞれネットワークアナライザの A，B 入力に入れ，B/A の特性を見ればよい．B/A がオープンループの伝達関数であり，ボード線図を書かせればフィードバック回路の特性が一発でわかる．

e）オフセット調整

アクチュエータに流すオフセット電流を調整する回路である．通常，オフセット電流がゼロとなるようにするが，わざとオフセット電流を流して，アクチュエータの動作の中立点を変えることもある．

f）電流ドライバ

アクチュエータに，制御電圧に比例する電流を流す電流ドライバである．ここのオペアンプは，10[A] までの電流を取り出せる電流出力用のオペアンプを用いている．この回路例では，アクチュエータに流れる電流を 1[Ω] の抵抗で受け，そこで発生する電圧が制御電圧となるよう，オペアンプで制御している．また前段からの電圧は，10[Ω] と 1[Ω] の抵抗で分圧している．何らかの原因で前段が振り切っても，電流が流れすぎないための保険である．これらの抵抗例の出力の場合，電流ドライバとしての感度は 1/11[A/V] となる．

(3) 圧電素子を駆動する制御回路の例

図 8.60 は，コントローラとして一次遅れを用いた制御回路の例である．圧電素子を駆動することを想定し，高電圧ドライバを備えている．

圧電素子は分極の方向の反転を防ぐため，片振幅の電圧で駆動する．ここで用いる圧電素子は，例えば 5〜125[V] の範囲で，65[V] を中心に駆動するものとする．以下，前述のモータを駆動する制御回路の例と異なる部分について説明する．

a）位相遅れ

フィードバックを安定化するために，一次遅れの回路を用いる．この例では，2[Hz] を折れ点周波数として，それ以上の周波数では -20[dB/dec] の傾きでゲインが低下する特性である．

第8章 実際のフィードバック制御～制御の実例～

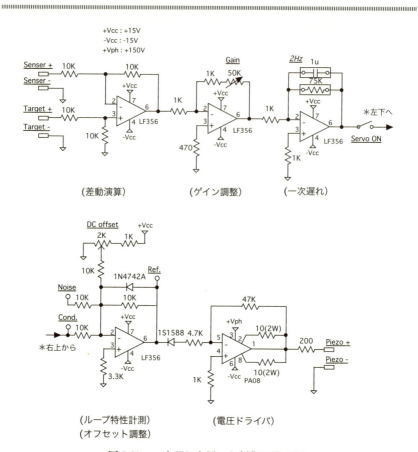

図 8.60　一次遅れを用いた制御回路の例

b) ループ特性計測（オフセット調整）

　ループ特性計測とオフセット調整を一つのオペアンプで行っている．ループ特性計測は，前述の通りである．圧電素子は，片振幅で駆動する必要があり，また動作の中点は片振幅の中点に設定する必要があるので，オフセットも片側電圧だけ加えられるようにしてある．またオペアンプのフィードバック抵抗に並列に 12[V] のツェナーダイオードが挿入されており，オペアンプの出力が $-12 \sim 0$[V] の範囲となるように制限されている．圧電素子を駆動するための

動作時には，このオペアンプの出力は，中点が $-6[\mathrm{V}]$ で，電圧範囲が $-12 \sim 0[\mathrm{V}]$ となる．

c) 電圧ドライバ

圧電素子に，高電圧を印加するための電圧ドライバである．このオペアンプは，$300[\mathrm{V}]$ までの電圧を出力できるパワーオペアンプであるが，この回路では電源電圧を $150[\mathrm{V}]$ としてあるので，それ以上の電圧は出力できない．電圧ドライバの入力抵抗に直列に，レベルシフト用のダイオードを挿入している．ここで $0.5[\mathrm{V}]$ のレベルシフトが起こるとすると，電圧ドライバの出力は $5[\mathrm{V}] \sim 125[\mathrm{V}]$，動作の中点は $65[\mathrm{V}]$ となる．

よもやま話

ハンダ付けの腕前

回路を作るとき，ハンダ付けをするところは数 100 カ所以上になる．ところが回路は，1 カ所でもハンダ付け不良があると動かない．

今，仮に 100 カ所ハンダ付けするとしよう．99% の確度でハンダ付けしていっても，回路全体では 99% の 100 乗で 40% を切ってしまう．作った回路の半分以上は動かないことになる．

ハンダ付けの腕前を上げることは，電子工作の技量を上げる第一歩である．

よもやま話

ブレッドボードを使ってはいけない

研究室に入ってきた新人には，いつもこう言っている．

ブレッドボードとは，電子回路の試験用の基板のことで，部品やジャンパ線を差し込むだけで回路ができる．ブレッドボードという名前は，パン生地をこねるための木の板にラグ板をつけ，そこに電子部品を付けて回路試作を行ったことに由来するらしい．半田付けやエッチングなしに，簡単に回路ができる．

しかし学生さんたちがブレッドボードを使うと，絡まったスパゲッティみたいな配線の回路ができあがる．適当に部品を置くので，配線があっちに行ったりこっちに行ったり…．入力線と出力線が交差しているくらいはまだよいが，グラウンドラインが細い線だったり，バイパスコンデンサが延々引き回れていたりすると，もう耐えられない．「こ

第8章 実際のフィードバック制御～制御の実例～

んなんじゃ，信号が気持ちよく流れないじゃないか」と言うと，「信号の気持ちなんか，先生にしかわかりませんよ」と悪態をつかれる．

しょうがないので「実験室にあるブレッドボードは全部捨てよう」と主張しているのだが，学生さんたちの強硬な反対にあって未だ実現できていない．

おわりに

　実際の設計研究会が発行してきた「実際の設計選書」シリーズについて，今までの出版と今後の出版計画も含めて紹介する．今までに出版してきたシリーズは近刊および本書も含めて全25巻に上り，その構成は附図のとおりである．
　本シリーズは「基礎編」，「本編」，「基礎知識編」，「実践編」，「総合知識編」などいくつかの編に分かれているが，本書は基礎知識編の4冊目にあたる．
　本編の改訂新版と基礎知識編の追加等を終えて，全シリーズの使い方を見直してみると，次のような見方ができるのではないだろうか．
　今後は本編である『実際の設計改訂新版〜機械設計の考え方と方法』，今後出版される『続実際の設計改訂新版〜機械設計に必要な知識とモデル』および既刊の『続々実際の設計〜失敗に学ぶ』を基軸とし，今後追加され5冊になる"基礎知識編"を含めの全9巻（附図中の☆印）を学ぶことで機械を作るということを中心として広い意味でのものづくりの基礎知識を学べるようになる．大学や高専，また企業の設計教育などで，これらの本を活用することが有意義であろうと考えている．
　本シリーズは，世の中にある通常の技術書とはまったく違う切り口で設計や生産の活動を立体的に記述し，読んだ人の頭の中に正確にその考え方を伝えることを目指している．本研究会では，これら一連の出版を通じて，技術者をはじめとして広く生産活動に関与し社会で働いている多くの人々の活動に寄与したいと願っている．

2015年2月

実際の設計研究会を代表して

畑村洋太郎

おわりに

[基礎編] 対象：はじめて設計を学ぶ学生や技術者
　☆「機械設計の基礎知識」　　　　　　　　　　　　　　（既刊）

[本編] 対象：設計に携わるすべての人
　☆「実際の設計」改訂新版－機械設計の考え方と方法－（既刊）
　　（旧「実際の設計」－機械設計の考え方と方法－ は
　　　改訂新版の発刊に伴い廃版の予定）
　☆「続・実際の設計」－機械設計に必要な知識とモデル－（既刊）
　☆「続々・実際の設計」－失敗に学ぶ－　　　　　　　（既刊）
　　「実際の設計・第4巻」－こうして決めた－　　　　（既刊）
　　「実際の設計・第5巻」－こう企画した－　　　　　（既刊）
　　「実際の設計・第6巻」－技術を伝える－　　　　　（既刊）
　　「実際の設計・第7巻」－成功の視点－　　　　　　（既刊）

[基礎知識編] 対象：経験や知識の少ない初級設計者
　☆「設計者に必要な加工の基礎知識」　　　　　（既刊）
　☆「設計者に必要な材料の基礎知識」　　　　　（既刊）
　☆「設計者に必要なメカトロニクスの基礎知識」（本書）
　☆「設計者に必要なソフトウェアの基礎知識」　（既刊）
　☆「設計者に必要なお金の基礎知識」　　　　　（近刊）

[実践編] 対象：各分野ごとの設計者
　「生産システムのFA化設計」　　　（既刊）
　「ロボットを導入した生産システム」（既刊）
　「超精密加工のエッセンス」　　　　（既刊）
　「実際の情報機器技術」
　　－原理・設計・生産・将来－　　　（既刊）
　「ドアプロジェクトに学ぶ」
　　－検証 回転ドア事故－　　　　　（既刊）
　「リコールに学ぶ」
　　－なぜオシャカを作ったか－　　　（既刊）

[総合知識編] 対象：広く技術者一般
　「実際の知的所有権と技術開発」
　　－着想の発明化と発明の構造化－（既刊）
　「技術者と海外生産」　　　　　　（既刊）
　「アジアへの企業進出と海外赴任」（既刊）
　「TRIZ入門」
　　－思考の法則性を使ったモノづくり－（既刊）
　「創造的技術者のための研究企画」（既刊）
　「設計のナレッジマネジメント」
　　－創造設計原理とTRIZ－　　　（既刊）

☆ 基礎知識シリーズおよび本編のうち基軸となるもの

附図　実際の設計選書の構成（2015年2月現在）

索　引
（五十音順）

あ　行

アクセス動作	253
アクチュエータ	210
圧電アクチュエータ	218
圧電効果	219
圧電素子	263
アナログ信号	7, 81
アナログフィルタ	15
アブソリュート型ロータリエンコーダ	181
位相遅れ	104
位相遅れ補償	237
位相進み	106, 291
位相進み補償	236
位相変調	127
位相余裕	237
一次遅れ系	23, 30
一巡伝達関数	230
位置センサ	177
イナーシャ	269
因果性があるシステム	16
インクリメンタル型ロータリエンコーダ	181
インスツルメンテーションアンプ	112
インダクタンス	269
インパルス応答	9, 34
インパルス不変変換	155
インピーダンス	132
エイリアシング	139
液柱温度計	30
エレキ	3
エレクトレット	171
エレクトロニクス	1
演算増幅器	81
オイラーの公式	20
オーバーシュート	42, 259
オープンループ特性	230
オシロスコープ	7

オフセット電流	293
オペアンプ	81, 281
折れ点周波数	34
音圧レベル	171
温度センサ	172
温度補償	190

か　行

開ループ制御	225
開ループ伝達関数	230
角度センサ	180
加算器	88
仮想接地	84
加速度センサ	182
カットオフ周波数	34
可変抵抗器	180
慣性系	43
キーイング	124
機械工学	1
機械時定数	272
帰還	227
基準接点	173
逆圧電効果	219
逆起電力	217
逆起電力定数	269
逆バイアス電圧	166
虚軸	25
起歪体	195
金属ひずみゲージ	186
クローズドループ特性	230
形状記憶合金	222
計装アンプ	111
継電器	215
ゲイン調整	291
減圧弁	218
減算器	88
減衰係数	37

索 引

減速加速度	258
現代制御理論	226
高速フーリエ変換	8
光電流	166
コースアクチュエータ	261
誤差	52
古典制御理論	226
固有振動数	37
コントロールポート	119
コンプライアンス	199

さ 行

サージ電圧	217
サーボアナライザ	292
サーボモータ	211
サーミスタ	172, 175
最小位相推移系	240
最小二乗法	57
雑音電力	120
差動演算	291
差動増幅器	82, 88, 112
サレン・キー	113
サンプリングタイム	16
残留速度	258
シークタイム	254
シーク動作	253
時間応答	34
時間領域	7
磁気センサ	175
磁気抵抗素子	176
磁気ディスクドライブ	249
自己回帰システム	152
遮断周波数	34
周波数	124
周波数応答	27
周波数帯域	99
周波数変換	117
周波数変調	124
周波数領域	7
受信機	123
焦電センサ	175
情報源符号化	124
ジョセフソン接合	177

信号波形	7
進行波方式	223
振幅	8
振幅変調	124
推力定数	269
スウィングアーム	249
スーパーヘテロダイン	115
ステッピングモータ	213
ステップ応答	34
ストレインゲージ	184
スペクトラムアナライザ	8
正帰還	227
正弦波	24
静電容量	37
ゼーベック効果	173
積層形圧電アクチュエータ	219
積分器	97
線ゲージ	186
センサ	163
双一次変換	155
送受信機	123
送信機	123
増幅率	8, 83
測温接点	173
測温抵抗体	172
測定範囲	52
側波帯	126
ソフト	3
ソレノイド	216

た 行

ダイアフラム	171
帯域制限フィルタ	138
ダイレクトコンバージョン	117
多軸力センサ	201
たたみ込み積分	9
脱調	214
弾性環	196
断面二次モーメント	198
チェビシェフ	155
逐次比較型 A/D 変換器	141
中波	123
超音波センサ	171

索引

超音波モータ	223
超弾性合金	223
直列共振回路	95
通信路符号化	124
ツェナーダイオード	294
抵抗	269
抵抗帯	175
定在波方式	223
デジタル化	139
デジタル変調	129
デシベル	28, 172
デルタ関数	10
電圧電流変換回路	91
電圧ドライバ	295
電子顕微鏡	224
電子工学	1
電子−正孔対	166
伝送路符号化	124
伝達関数	23
電流電圧変換回路	90
電流ドライバ	293
等価回路	169
特性行列	207
特性方程式	207
トラッキング制御	249
トラッキング制御系	251

な 行

二次遅れ系	23, 36
二端子対回路	132
熱電対	172
ネットワークアナライザ	292
粘性	269

は 行

ハードディスクドライブ	249
バイモルフ型圧電アクチュエータ	220
箔ゲージ	186
バターワース	155
バッファ	89, 103
バネマスダンパ系	36
パルスモータ	211

搬送波	123
反転増幅器	84, 86, 288
半導体ひずみゲージ	186
バンドギャップエネルギー	166
バンバン制御	254
ピエゾ抵抗	183
ピエゾ抵抗効果	186
光起電力素子	165
光検出回路例	169
光センサ	165
光通信	167
光ディスクドライブ	259
光導電素子	165
飛翔時間	177
微小変位計	177
ヒステリシス	263
ひずみゲージ	111, 184, 263
非線形システム	115
非反転増幅器	87, 113
表面ひずみ	196
ファインアクチュエータ	261
フィードバックシステム	152
フィードバック制御	227
フィードフォワード	259
フィルタリング	15
フーリエ級数展開	17
フーリエ変換	17
フェイルセーフ	209
フォイルゲージ	186
フォーカシング制御	259
フォトインタラプタ	177
フォトダイオード	166
フォトトランジスタ	169
フォトリフレクタ	177
フォトレジスタ	165
負帰還	227
複素正弦波	19
復調	123
ブラシ付きDCモータ	211
ブラシレスDCモータ	212
プランジャ	216
分解能	52
平行平板構造	198
閉ループ制御	225

索 引

閉ループ伝達関数	230
並列共振回路	95
ヘテロダイン	115
ペルティエ効果	174
変態点	222
変調	123
片電源	82
変復調器	123
ホイートストンブリッジ	111, 186
ボイスコイルモータ	214
方向切り替え弁	218
ボード線図	4, 110
ボードの定理	240
ホール効果	176
ホール素子	176
補償行列	208
ポテンショメータ	180
ホモダイン	117
ボルテージフォロワ	89

ま 行

マイクロ波	123
マイクロホン	170
マッキベン型アクチュエータ	218
ムービングコイル型	215
ムービングマグネット型	215
無限インパルス応答システム	149
メカ	3
メカトロニクス	1
メカニクス	1
モータ	211

や 行

ヤング率	198
油圧アクチュエータ	217
有限インパルス応答システム	149
誘導起電力	251
抑圧比	253
四端子対回路	132

ら 行

ラジアン	28
ラプラス変換	22
ランプ応答	34
離散化	139
離散時間信号	145
利得帯域幅積	85
リニアエンコーダ	177
リニアモータ	211
両電源	82
リレー	215
ループ特性計測	292
レーザ変位計	177
連続時間信号	7
ロータリエンコーダ	180
ロードセル	196
ローパスフィルタ	98
ローレンツ力	249
ロックインアンプ	115, 119

わ 行

ワイヤゲージ	186

数字・欧字

1ゲージ法	188
2ゲージ法	188
2進化10進数	181
2段サーボ	261
4ゲージ法	188
6軸力センサ	201
ACサーボモータ	211
ACソレノイド	216
ACモータ	211
AE	171
AM	124
Amplitude	8
Amplitude Modulation	124
ASK	129
BCD	181
Bilinear Transformation	160

索 引

binary coded decimal	181	modulation	123
BPF	120	modulator–demodulator	123
carrier	123	MRI	224
CdS セル	165	negative temperature coefficient	175
CMOS 回路	137	NTC サーミスタ	175
DBM	118	ODD	259
DC サーボモータ	211	Operation Amplifier	81
DC ソレノイド	216	Optical Disk Drive	259
DC モータ	211, 267	Phase Sensitive Detector	121
demodulation	123	Phase Shift Keying	125
Double Balanced Mixer	118	piezoelectric effect	219
Double Side Band	127	positive temperature coefficient	175
DSB	127	PSD	121
error	52	PSK	125, 129
Fast Fourier Transform	7	PTC サーミスタ	175
FFT	7	Quadrature–phase	130
FFT アナライザ	292	Q 相	130
Finit Impulse Response	149	RCL 回路	37
FIR	149	RC 回路	31
FM	124	Receiver	123
Force–Sensitive Resistor	183	Resistance Temperature Detector	172
Frequency Modulation	124	resolution	52
FSK	129	RTD	172
FSR	183	Shape Memory Alloy	222
Gain	8	Shift Keying	129
Gain–Bandwidth Product	85	Side Band	126
GB 積	85, 281	Single Side Band	127
Giant Magneto Resistor	177	SMA	222
GMR 素子	177	sound pressure level	171
Hall effect	176	SPL	171
HDD	249	SQUID	177
IC 温度センサ	175	SSB	127
IIR	149	Superconducting Quantum Interference Device	177
Infinit Impulse Response	149		
In–phase	130	Thermally Sensitive Resistor	175
I 相	130	Thermistor	175
Keying	124	Transceiver	123
LPF	120	Transmitter	123
measurement range	52	VCM	214
MEMS	183	Virtual Ground	84
Micro Electro Mechanical Systems	183	Voice Coil Motor	214
MODEM	123	z 変換	145

著 者 略 歴

松本　潔（まつもと　きよし）
1985 年 3 月　東京大学工学部産業機械工学科卒業
1987 年 3 月　東京大学大学院工学系研究科産業機械工学専攻修士課程修了
日立製作所中央研究所にて光ディスク装置の研究開発に従事した後，東京大学大学院情報理工学系研究科助教授，現在，東京大学 IRT 研究機構特任教授，博士（工学）
マイクロシステム，センサ，ロボットの研究に従事
無線局（JG1ILF, K1IL, JY8IL）

著書に，「続・実際の設計―機械設計に必要な知識とデータ―」「続々・実際の設計―失敗に学ぶ―」「実際の設計第 4 巻―こうして決めた―」「実際の設計第 5 巻―こう企画した―」「実際の設計第 6 巻―技術を伝える―」「実際の設計第 7 巻―成功の視点―」「実際の設計改訂新版―機械設計の考え方と方法―」「実際の情報機器技術―情報機器の原理・設計・生産・将来―」（いずれも共著・日刊工業新聞社），「情報機器技術」（共著・東京大学出版会），「設計の原理―創造的機械設計論―」（共訳・朝倉書店）

実際の設計選書
設計者に必要なメカトロニクスの基礎知識
これだけは知っておきたいメカトロの理論と実際　　NDC 548

2015 年 2 月 25 日　初版 1 刷発行　　（定価は，カバーに表示してあります）

Ⓒ監修者　実 際 の 設 計 研 究 会
　著　者　松　　本　　　　潔
　発行者　井　　水　　治　　博
　発行所　日　刊　工　業　新　聞　社
　〒103-8548　東京都中央区日本橋小網町 14-1
　　　　　　　電話　編集部　03（5644）7490
　　　　　　　　　　販売部　03（5644）7410
　　　　　　　　　　FAX　　03（5644）7400
　　　　　　　振替口座　　　00190-2-186076
　　　　　　URL　http://pub.nikkan.co.jp/
　　　　　　e-mail　info@media.nikkan.co.jp

印刷・製本　美研プリンティング㈱

2015 Printed in Japan　　乱丁，落丁本はお取り替えいたします。
ISBN 978-4-526-07360-1
本書の無断複写は，著作権法上での例外を除き，禁じられています。